Hello，ACM - ICPC

国际大学生程序设计竞赛之旅

吕云翔　李熙　郝璐　杜昊　户建坤　编著

北京航空航天大学出版社

内 容 简 介

　　本书是一本趣味性科普读物，介绍 ACM 国际大学生程序设计竞赛（ACM－ICPC）的相关内容。全书不仅涵盖 ACM－ICPC 竞赛本身的相关信息，如比赛历史、简介、参与方法等，还介绍了参与竞赛的趣味故事。本书以北京航空航天大学 ACM 集训队为原型，生动地介绍了参与竞赛的过程、参与竞赛的意义以及这项竞赛的趣味性等。

　　本书适合对计算机领域感兴趣的人阅读，可以帮助读者全方位了解 ACM－ICPC 这项竞赛。

图书在版编目（CIP）数据

Hello，ACM－ICPC 国际大学生程序设计竞赛之旅 / 吕云翔等编著. －－北京 ：北京航空航天大学出版社，2019.4

　　ISBN 978－7－5124－2996－3

　　Ⅰ．①H… Ⅱ．①吕… Ⅲ．①程序设计－竞赛－高等学校－教学参考资料 Ⅳ．①TP311.1

中国版本图书馆 CIP 数据核字(2019)第 075248 号

Hello，ACM－ICPC 国际大学生程序设计竞赛之旅

吕云翔　李熙　郝璐　杜昊　户建坤　编著

责任编辑　王　实

*

北京航空航天大学出版社出版发行

北京市海淀区学院路 37 号(邮编 100191)　http://www.buaapress.com.cn

发行部电话:(010)82317024　传真:(010)82328026

读者信箱：emsbook@buaacm.com.cn　邮购电话:(010)82316936

涿州市新华印刷有限公司印装　各地书店经销

*

开本:710×1 000　1/16　印张:14.5　字数:201 千字

2019 年 5 月第 1 版　2019 年 5 月第 1 次印刷　印数:3 000 册

ISBN 978－7－5124－2996－3　定价:49.00 元

前　言

　　笔者来自北京航空航天大学(北航)软件学院,最初接触有关 ACM - ICPC 的内容是在大一的程序设计课程上,北航 ACM 集训队的学长们为我们介绍了 ACM - ICPC,向我们展示了集训队获得的成绩。刚刚进入大学的我们在编程方面毫无基础,那时,我只是单纯地崇拜着那些学长。

　　我们的程序设计课程包括上机实践。上机实践的形式与 ACM - ICPC 的比赛形式类似,只是我们是个人赛而不是团队赛。在两小时内完成 7 道左右的题目,这些对笔者这样的编程小白来说实在是太痛苦了。两小时的时间待在机房,面对着计算机和一段段充满 bug 的代码手足无措。一次次上机,每次只能拿到不到一半的分数,笔者不明白,内心质疑着,我们为什么要这样上机呢? 我们为什么要做这种远远超出个人能力的练习? 我们为什么不能做基础练习巩固知识点? 这种上机能给我们多大的提高呢?

　　后来,听老师和学长们说,ACM - ICPC 这个比赛非常好,但是并没有多少人了解它,到现在也没有一本书介绍这个比赛。于是笔者对此产生了强烈的兴趣,因为,笔者好奇这到底是一个怎样的比赛,能够得到旁人如此高的评价。

　　笔者想去深入了解这个比赛。

　　于是笔者接下了这个任务,开始了筹划工作,也找到了合作的队友。接下来,我们一步步展开了采访。采访的对象是我们学校参与过 ACM - ICPC 的同学。

　　通过采访,笔者才真切地了解了这个比赛,得知了他们的 ACM - ICPC 经历,以及他们在准备比赛的过程中所付出的努力,了解到他们与队友之间的情谊、一起经历过的愉快的和悲伤的事情,以及他们通过自己的努力获得的傲人的成绩和回报。

通过他们的介绍,笔者渐渐明白了那些编程题目的意义,明白了我们刷 OJ 的意义。做这些编程题目,可以给我们一个"场景"应用算法,让我们对算法有更深刻的理解。在接触各类题目的同时,我们还能接触到其他编程技巧,积累编程经验。超前的题目激励我们自主学习,在课下付出更多的努力学习算法等知识;当然,难解的 bug 还教会我们耐心和坚持(笑)。另一方面,这些 OJ 题目与日后找工作的机试题目类似,作为软件学院的学生早晚会接触到这些,OJ 让我们提早见识了。这样的成长之路固然是艰辛的,但是选择坚持下来的人一定能从中得到更大的收获。

在与他们的交流中,我们还能感受到:他们有着很高的智商,同时十分努力,是值得我们敬佩的非常厉害的人;另一方面,他们都是爱着 ACM、爱着北航 ACM 集训队的人。我们了解到,北航的 ACM 集训队与清华大学、上海交大比起来还处于刚刚起步的阶段,缺少完备的训练体系,需要学习的东西还很多。学长们正在努力为北航 ACM 集训队积累资源,也在努力取得更好的成绩,争取得到更多的支持和重视。他们不仅希望自己能取得很好的成绩,也希望北航 ACM 集训队越来越好。

此时,笔者意识到我们写这本书不仅仅是介绍一个比赛,而是想通过它让更多的人了解这个比赛,了解北航 ACM 集训队的努力和成果,让更多热爱编程的人参与到这个比赛当中;同时,也想通过我们的努力为北航集训队的壮大做出贡献。

感谢给我们提供很多建议、接受采访,并帮助联系采访的户建坤学长,感谢接受采访的李玙学长、梁明阳学长、史烨轩学长、李晨豪学长,以及钟金成、刘子渊,感谢你们耐心的讲解! 祝愿北航 ACM 集训队脚踏实地,征服更加广阔的"星辰大海"!

本书由吕云翔、李熙、郝璐、杜昊、户建坤编著,曾洪立参与了部分内容的编写工作。

由于我们的水平有限,值得学习的东西还很多,希望广大读者多提宝贵意见,与我们沟通(yunxianglu@hotmail.com)。

编　者

2019 年 2 月

目　　录

第 1 章　Hello, ACM - ICPC ……………………………………… 1

  1.1　程序设计竞赛 vs ACM - ICPC ……………………………… 1

    1.1.1　程序设计竞赛 …………………………………………… 2

    1.1.2　ACM - ICPC …………………………………………… 11

  1.2　赛事规则 …………………………………………………… 12

    1.2.1　比赛规则 ………………………………………………… 12

    1.2.2　赛事构成 ………………………………………………… 14

  1.3　广义 ACM …………………………………………………… 16

第 2 章　ACM 启程 ……………………………………………… 22

  2.1　锦囊妙计 …………………………………………………… 22

    2.1.1　入门：刷题 vs 看书 ……………………………………… 22

    2.1.2　刷题：数量 vs 质量 ……………………………………… 24

    2.1.3　训练：团队 vs 个人 ……………………………………… 25

  2.2　装备获取 …………………………………………………… 26

    2.2.1　Codeforces ……………………………………………… 26

    2.2.2　LeetCode ………………………………………………… 37

    2.2.3　《算法竞赛入门经典》(第 2 版) ………………………… 44

    2.2.4　《挑战程序设计竞赛》(第 2 版) ………………………… 45

    2.2.5　《算法导论》 ……………………………………………… 47

第 3 章　赛题讲解 ･･ 49

　　3.1　模　拟 ･･･ 49

　　　　3.1.1　2017 ACM - ICPC 亚洲区域赛沈阳站 I 题 ･･････････ 49

　　　　3.1.2　2017 ACM - ICPC 亚洲区域赛北京站 E 题 ･･････････ 52

　　　　3.1.3　2013 ACM - ICPC 亚洲区域赛成都站 B 题 ･･････････ 55

　　3.2　搜　索 ･･･ 64

　　　　3.2.1　2016 ACM - ICPC 亚洲区域赛沈阳站 E 题 ･･････････ 64

　　　　3.2.2　2015 ACM - ICPC 亚洲区域赛北京站 C 题 ･･････････ 68

　　　　3.2.3　2011 ACM - ICPC 亚洲区域赛北京站 J 题 ･･････････ 74

　　3.3　动态规划 ･･･ 82

　　　　3.3.1　2017 ACM - ICPC 亚洲区域赛北京站 J 题 ･･････････ 83

　　　　3.3.2　2015 ACM - ICPC 亚洲区域赛北京站 K 题 ･･････････ 86

　　　　3.3.3　2013 ACM - ICPC 亚洲区域赛南京站 C 题 ･･････････ 90

　　3.4　数据结构 ･･･ 96

　　　　3.4.1　2015 ACM - ICPC 亚洲区域赛长春站 J 题 ･･････････ 96

　　　　3.4.2　2014 ACM - ICPC 亚洲区域赛上海站 D 题 ･･･････ 101

　　　　3.4.3　2013 ACM - ICPC 亚洲区域赛杭州站 H 题 ･････ 108

　　3.5　图　论 ･･･ 115

　　　　3.5.1　2015 ACM - ICPC 亚洲区域赛沈阳站 M 题 ･････ 115

　　　　3.5.2　2013 ACM - ICPC 亚洲区域赛长沙站 G 题 ･･････････ 119

　　　　3.5.3　2015 ACM - ICPC 亚洲区域赛北京站 D 题 ･･････ 126

　　3.6　数　论 ･･･ 134

　　　　3.6.1　2016 ACM - ICPC 亚洲区域赛大连站 D 题 ･･････････ 134

　　　　3.6.2　2011 ACM - ICPC 亚洲区域赛大连站 I 题 ･･････････ 136

　　　　3.6.3　2015 ACM - ICPC 亚洲区域赛长春站 B 题 ･･････････ 140

第 4 章　ACM 之路 ･････････････････････････････････････ 145

　　4.1　小明的故事 ･･････････････････････････････････････ 145

4.1.1　XXX 队的诞生 ································· 145

4.1.2　入学考试与历史课 ························ 149

4.1.3　校赛进行时 ································· 155

4.1.4　你好,杭州 ································· 158

4.1.5　越勤奋,越迷茫 ···························· 164

4.1.6　不忘初心,方得始终 ······················ 168

4.1.7　或许是最好的结局 ······················· 170

4.2　采访实录 ····································· 172

4.2.1　户建坤专访 ································· 172

4.2.2　史烨轩专访 ································· 178

4.2.3　李晨豪专访 ································· 181

4.2.4　钟金成专访 ································· 184

4.2.5　李琛专访 ··································· 191

4.2.6　梁明阳专访 ································· 203

4.2.7　刘子渊专访 ································· 205

第 5 章　权衡之间 ································· 206

5.1　辩论赛 ······································· 206

5.1.1　辩,能力与热爱 ···························· 206

5.1.2　辩,利弊 ··································· 208

5.2　岔路口 ······································· 213

5.2.1　主人公 ····································· 213

5.2.2　Q & A ····································· 214

5.2.3　向左走,向右走 ···························· 216

参考文献 ··· 218

后记——彩蛋 ····································· 219

第 1 章　Hello，ACM‑ICPC

本章介绍 ACM‑ICPC 相关的比赛形式、流程、规则以及比赛的相关历史等。考虑到读这本书的你可能没有多少 ACM 经验，可能知道一些却模棱两可，也可能是什么都不知道的小白，所以本章将详细介绍 ACM 国际大学生程序竞赛（ACM‑ICPC）的整体情况，同时会特别介绍程序竞赛、算法题目等基本概念，把所有相关的知识统统介绍给你。读完本章，你将会对这项比赛有一个全面的认识。

首先，让我们一起说"Hello，ACM‑ICPC"。

1.1　程序设计竞赛 vs ACM‑ICPC

ACM‑ICPC，英文全称是 ACM International Collegiate Programming Contest，中文译名是 ACM 国际大学生程序设计竞赛，简称为 ICPC，如图 1‑1 所示。

图 1‑1　ACM 大学生程序竞赛 LOGO

这项比赛由 ACM（美国计算机协会）主办，目前由 IBM 赞助。这项比赛到现在已有 40 多年的历史，影响着一代又一代有志于计算机科学的人，已成为一项在全球很有影响力的比赛。

1.1.1　程序设计竞赛

提到程序设计竞赛，想必许多人会是一头雾水，那么什么是程序设计竞赛呢？

我们先简单了解一下程序设计。程序设计的最终目的就是将生活中的某些问题抽象为计算机能够解决的问题。由于计算机不能理解人类的语言，所以需要程序员编程，写出计算机能够理解的语言。首先要对生活中的问题进行抽象建模，然后选择解决方案、编写程序、解决问题。

那么，程序设计竞赛是什么？程序设计竞赛与数学竞赛类似，比拼的是选手们在规定时间内解决程序设计题目的数量和准确度。

这样问题又来了，程序设计竞赛中需要解决的题目是什么样子呢？下面来看一道练习题目，这道题目对无基础的小白来说可能非常难以理解，不过不要苦恼，这里只需要了解题目的大体结构和解题步骤即可。如果你已经有一定的基础，那么也可以看看这道有趣的题目，说不定会有不一样的启发。

1. 解算法题目

（1）题目描述

D. 股票交易①

时间限制：1 500 ms　　　内存限制：65 536 kb

通过率：97/118(82.20%)　　　正确率：97/232(41.81%)

---

① "股票交易"这道题目来源于 BUAA ONLINE JUDGE(https://biancheng. love)，它的另一个名字是 OJ4TH，是第四代 OJ。(之后的介绍中会涉及 Online Judge 的介绍)它是由北航软件学院师生开发的在线测评工具，供软件学院本科生上机实验使用，同时也是 BCPC 北航程序设计竞赛(北航校赛)的比赛平台、北航 ACM 集训队的训练平台。

题目描述

一般一家公司的股票价格是不稳定的,每时每刻的价格都在变。

现在,有一份很长很长的连续时间点股票价格数据(按时间先后顺序),老板需要你快速地寻找在这段数据范围内一次买卖股票的每股最大收益(假设所有人买卖股票都在给定时间点的数据范围内)。

要想解决这个问题,你该怎么办?

输　入

多组测试数据(10 组左右),以 EOF 结尾。

每组测试数据分为两行。第一行为数组长度 n,正整数,代表股票价格数据长度,数据范围为 $0 < n \leqslant 1\,000\,000$。

第二行为 n 个正整数,为股票价格数据数组 an,保证数组中每个数都在 int 范围内。

输　出

对于每次查询,输出一行,每行一个数,代表所求每股最大收益。

若无论如何都无法取得收益,则输出 No solution。

具体参见样例。

输入样例

```
5
1 2 3 4 2
2
2 2
```

输出样例

```
3
No solution
```

(2) 样例解释

关于第一组数据,假定第一分钟价格为 1,第二分钟价格为 2,第三分

3

钟价格为 3,第四分钟价格为 4,第五分钟价格为 2。这段时间内买入卖出的最大收益方案是在第一分钟以价格 1 买进、第四分钟以价格 4 卖出,收益为每股 3 个单位。

以上就是一道练习题目,它包括题目背景描述、输入和输出的要求以及输入和输出的样例,对于一些理解比较困难的题目,出题人还会给出样例解释或者暗示(Hint)。

通常,比赛题目会放在一个故事背景或者生活场景下,就像这道题的背景——“股票交易”。这样做的目的是将题目与生活中的场景联系起来,赋予题目现实意义,考验参赛选手分析、抽象现实问题的能力。当然还有一个目的,就是将算法与有趣的故事、生活结合起来,给算法竞赛增添趣味性。

(3) 题目分析

参赛选手拿到题目之后,首先要读懂题目要求,然后就可以自己进行分析、建模,并且编写程序、解决问题。

分析是非常重要的一步。首先,对题目进行解读,弄清楚题目的内容和要求。然后,根据需求寻找解决办法。一道题目可以有多种方法来解决,对于不同的思路,选手就会用不同的方法实现。比如这道题目就可以用多个思路来解决。不同的思路,决定着编程实现的难易程度,影响着程序的运行效果。想要找到最好的解决问题的方法,与选手日常的学习、积累和练习是分不开的。

下面是“股票交易”这道题目的分析过程,其中从不同角度展示了分析问题的过程。

➤ **方法一 暴力求解法**

这道题目若用暴力方法求解,我们很容易设计出来:简单地尝试每对可能的买进和卖出日期组合,只要卖出日期在买入日期之后即可,然后求得最大收益。显然,日期组合有 $\Theta(n^2)$ 种,而处理每对日期所花费的时间至少也是常量。因此,这种方法的运行时间是 $\Omega(n^2)$。这并不是我们需要的。

> 方法二　分治算法

这道题目还可以用分治算法求解,我们可以求各个时间点之间的股票价格变化,如表 1-1 所列。

表 1-1　股票价格变化表

天	0	1	2	3	4
价格	10	11	7	10	6
变化		1	−4	3	−4

针对长度比较短的数组,求出来当然很快;然而对于很长的数组,暴力求解上述变化数组中与最大数组之和的运行时间是 $\Omega(n^2)$,是行不通的。因此,可以递归地求解二分子问题。

设价格变化数组为 $A[\text{low}\cdots\text{high}]$,子数组中央位置为 mid,则数组 A 的子数组 $A[i\cdots j]$ 只可能是下述三种情况之一:

① 完全位于 $A[\text{low}\cdots\text{mid}]$,即 $\text{low}\leqslant i\leqslant j\leqslant\text{mid}$。

② 完全位于 $A[\text{mid}+1\cdots\text{high}]$,即 $\text{mid}<i\leqslant j\leqslant\text{high}$。

③ 跨越了中点,即 $\text{low}\leqslant i\leqslant\text{mid}<j\leqslant\text{high}$。

因此,其最大子数组必然是上述三种情况之一。我们可以递归地求解左右两个子数组的最大子数组,然后就是寻找跨越中点的最大子数组,最后在这三种情况中选和最大的。

> 方法三　线性时间求解法

事实上,一般求解这类问题使用的是线性时间的算法。

针对方法一带来的重复计算,我们可以从前到后扫一遍代码,一边扫描一边记录数组前 i 项的最小值,一边记录当前值与记录到的最小值的差,迭代得到的最大值即为所求,即扫描到第 i 项时,设 $a[n]$ 是给出的股票价格数组,x 是前 $i-1$ 项的最小值,则第 0 到第 i 天的最大收益 $\text{ans}=\max(\text{ans}, a[i]-x)$。

(4) 题目解答

根据之前的分析，选手们就可以编写代码了，可以选择自己熟悉的编程语言编写代码。下面的代码示例都是用 C++ 写的，可供大家参考。需要提醒的是，在提升编程能力的同时，养成良好的代码风格和编程习惯是十分重要的。

➤ **参考代码一（对应方法二）**

```cpp
#include<cstdio>
#define INF 0x80000000      //int 类型能表示的最小负数
//数组 a 存储给出的股票价格数组,数组 b 存储股票价格变化数组
int a[1000010],b[1000010];
//此函数用于分治法求解最大子数组问题
int max_sub_array(int arr[],int l,int r)
{
    if(l<r){
        int mid = (l + r)/2;
        int suml = max_sub_array(arr,l,mid);
                                //求左边子数组的最大子数组
        int sumr = max_sub_array(arr,mid + 1,r);
                                //求右边子数组的最大子数组
        int sum_both = 0;

        //寻找左半部分数组的最大和
        int max_left = INF;
        for(int i = mid;i> = l;i-- )
        {
            sum_both += arr[i];
            if(sum_both>max_left)
                max_left = sum_both;
        }

        //寻找右半部分数组的最大和
        int max_right = INF;
        sum_both = 0;
        for(int i = mid + 1;i< = r;i++ )
```

```
    {
        sum_both += arr[i];
        if(sum_both>max_right)
            max_right = sum_both;
    }

    //计算跨越中点子数组的最大和
    sum_both = max_left + max_right;

    //判断三种情况中哪种情况求得的子数组最大
    if(sumr<sum_both && suml<sum_both)
        return sum_both;
    else if(suml<sumr)
        return sumr;
    else
        return suml;
}
    else
        return arr[l];      //处理 l == r 的情形
}

int main()
{
    int n,t;
    while(~scanf("%d",&n)){
        for(int i = 0;i<n;i++){
            scanf("%d",&a[i]);
            if(i>0) b[i] = a[i] - a[i-1];   //处理得到价格变化
                                            //数组
        }
        int sum = max_sub_array(b,1,n-1);
        if(sum< = 0) printf("No solution\n");
        else printf("%d\n",sum);
    }
}
```

7

➤ 参考代码二（对应方法三）

```
#include<cstdio>
int main(){
    int n;
    while(~scanf("%d",&n)){
        int res,ans = 0,x;          //ans 记录最终结果,res 记录数
                                    //组 a[n]前 i-1 项的最小值
        int inp1 = scanf("%d",&x);
        res = x;
        for(int i = 2;i<= n;i++){
            scanf("%d",&x);         //x 相当于记录 a[i]的当前值
            //迭代计算最大收益的计算过程
            if(ans<x-res)
                ans = x-res;
            //迭代计算前 i-1 项最小值的计算过程
            if(x<res)
                res = x;
        }
        if(ans == 0) printf("No solution\n");
        else printf("%d\n",ans);
    }
}
```

　　写完了最终的程序,选手们可以先在自己的本地环境下进行测试,一般测试的通过标准是通过已知的样例。测试完成后,就可以提交到比赛网站上。网站会自动评测,并反馈最终的评测结果。如果题目的评测结果是 AC(通过的意思,这里你可能一头雾水,不要着急,马上会有解读),那么选手就可以继续做下一题;如果存在错误,选手们可以根据错误信息提示对程序进行修改,再次提交,多次尝试无果,大部分选手会选择放弃这道题目。

　　到此就是解决一道题目的全部过程。相信大家对算法题目有了一些直观的了解。ACM - ICPC 就是这样的程序设计竞赛,竞赛题目包含许多道类似的题目。选手们比拼的是分析解决题目的能力、算法知识掌握

得扎实程度和编程能力等。

2．算 法

算法是 ACM－ICPC 竞赛中非常重要的一部分，很多竞赛题目都涉及算法。比如上面的"股票交易"就用了算法中的"分治法"。那么什么是算法呢？

算法（Algorithm）是解决某一类问题的一系列步骤。用这些步骤解决问题可以帮助提升解决问题的效率，比如：使题目解决过程用更少的时间或更少的资源。一个算法可解决同一类型的问题，而一个类型的问题可以用不同的算法解决。

一个问题可用不同的算法解决，然而其中存在优劣之分。算法的优劣主要取决于利用某算法解决问题需要耗费的时间和空间（内存）。耗费的时间越少、空间越少，算法越优。时间复杂度和空间复杂度就是这两个评判标准更为专业的描述，这两个词也会频繁地出现在学习算法的过程中（如表 1－2 所列）。

表 1－2 部分排序算法的时间复杂度与空间复杂度分析

排序方法	最好时间	平均时间	最坏时间	辅助空间	稳定性
直接插入	$O(n)$	$O(n^2)$	$O(n^2)$	$O(1)$	稳定
二分插入	$O(n)$	$O(n^2)$	$O(n^2)$	$O(1)$	稳定
希尔		$O(n^{1.25})$		$O(1)$	不稳定
冒泡	$O(n)$	$O(n^2)$	$O(n^2)$	$O(1)$	稳定
快速	$O(n\lg n)$	$O(n\lg n)$	$O(n^2)$	$O(\lg n)$	不稳定
直接选择	$O(n^2)$	$O(n^2)$	$O(n^2)$	$O(1)$	不稳定
堆	$O(n\lg n)$	$O(n\lg n)$	$O(n\lg n)$		不稳定

算法也有很多种类，如递归法、分治法、动态规划、贪心算法等。按照解决问题类型细分，如表 1－2 所列，一个排序问题的解决方法有：直接插入排序、冒泡排序、快速排序、堆排序等。之前的"股票交易"分析方法二所用到的算法就是"分治法"。通过分析可以知道，"分治法"的时间复杂

度优于"暴力求解法"。可见，在解决这个问题时，"分治法"是优于"暴力求解法"的。

算法的种类是多种多样的，想要学会这些算法，了解这些算法的优劣程度，还需要我们进一步的学习。

3．平台——Online Judge

接下来你可能好奇，程序设计竞赛应该如何提交题目答案呢？与数学竞赛不同，这种程序设计竞赛想用纸和笔完成整个比赛是天方夜谭。刚刚你可能也注意到了"网站"之类的词语，是的，这项比赛是在一个网站上进行的，完成提交答案这一过程用到了比赛网站上的 Online Judge 系统。

那么 Online Judge 是什么呢？Online Judge 简称 OJ。它就是为 ACM－ICPC 这类信息学竞赛而生的。在竞赛中，提供自动判题和排名的功能。现在 OJ 系统已经被应用到其他竞赛、高校学生程序设计训练以及算法学习网站等方面。

那么 OJ 是如何工作的呢？用户可以根据题目要求在网站上提交源代码（通常源代码可以是 C++、C、Java、Python 等常用编程语言），提交答案后系统自动编译执行，然后根据出题人预先设置的测试数据来判断程序的正确性。当然除了测试数据，系统还会有严格的程序运行时间限制和内存使用等，这些也是判断程序正确性的重要依据。

程序判定结果有以下 7 种情况：

① Accepted（AC）　题目通过。

② Wrong Answer（WA）　答案出错，全部或部分输入没有得到预想的输出结果。

③ Run Time Error（RTE）　程序运行出错，意外终止等。

④ Time Limit Exceeded（TLE）　运行超时，指程序没在规定时间内输出答案。

⑤ Presentation Error(PE)　输出格式出错,程序没按规定的格式输出答案。

⑥ Memory Limit Exceeded(MLE)　程序运行内存溢出。

⑦ Compile Error(CE)　编译错误,程序编译不过。

1.1.2 ACM‐ICPC

相信大家对程序设计竞赛已经有了大概的了解,下面来谈谈 ACM‐ICPC 到底是什么样的程序设计竞赛,它与其他的程序设计竞赛有什么区别呢?

ACM‐ICPC 是历史最悠久的程序设计竞赛。最早的一届比赛可以追溯到 1970 年,那场比赛在美国德克萨斯 A&M 大学举办,主办方是 the Alpha Chapter of the UPE Computer Science Honor Society。比赛举办之后,美国和加拿大各大学发现这项比赛能够很好地发现和培养计算机科学方面的优秀人才,于是他们积极响应、积极参赛,这项比赛也得以继续下去。到了 1977 年,ACM‐ICPC 终于演变为一年一届的国际性比赛。

更值得一提的是,它的主办方是 ACM(Association for Computing Machinery),国际计算机学会(如图 1‐2 所示)。它成立于 1947 年,即第一台数字计算机(ENIAC)问世的第二年。如今它成为世界上最大的科

图 1‐2　国际计算机学会 LOGO

学教育计算机组织。它的成员遍布全球，他们为时代为社会做出了杰出的贡献，同时，他们也为培养选拔更多的计算机科学界的顶尖人才做出了很大的贡献。

ACM - ICPC 还有一个强大的赞助商——IBM(International Business Machines Corporation，国际商业机器公司)，也被称为万国商业机器公司(如图 1 - 3 所示)。1911 年，托马斯·沃森在美国创立了 IBM 公司，现今它的业务遍及全球 80% 的国家，是一个非常庞大的公司。IBM 公司同样拥有悠久的历史，它的创立比计算机的出现还早几十年，最初它主要专注于商用打字机，随着科技的发展转型为文字处理机，而今它专注于计算机和相关的服务。

图 1 - 3　国际商业机器公司 LOGO

1.2　赛事规则

1.2.1　比赛规则

ACM - ICPC 是以团队的形式参赛的，每队最多由三名队员组成。大家可能注意到了，这项比赛的全称是大学生程序设计竞赛，因此参赛有一定的年龄限制，要求参赛选手是大学生，他们是代表自己的学校参赛的。

比赛持续时间为 5 小时，每个团队可以使用一台计算机，编程解决 7～13 个问题，问题都是用英文描述的。同学们可以选择自己熟悉的编程语言解决问题,包括 C、C++、Python 或 Java 等(年份不同,语言有变动,请读者参阅具体的比赛要求)。程序写完之后提交,系统会自动判定结果的正误,更新排名,并反馈给选手。

　　这个比赛还有一大特色,就是在图1-1的 LOGO 中出现过的气球。每队完成一道题后,赛场志愿者会在该队伍的位置上升起一只气球。每道题目有对应的颜色,五颜六色的气球分别代表团队解决的不同题目。更有趣的是,每道题第一只解决它的队伍会额外获得"FIRST PROB-LEM SOLVED"的气球,这种气球与其他气球相比有很大差别,十分显眼(如图1-4和图1-5所示)。

图1-4　一位选手获得的气球

　　比赛排名有两个依据:过题数量和总用时。比赛期间过题数量越多的队伍排名就越高,过题数量相同的情况下,则看选手的总用时,总用时最少的队伍排名高。总用时是该队伍已经解决的问题所用时间之和。问题的解决时间是从比赛开始到题目通过的时间再加上罚时,没有通过的题目不计时。罚时是什么呢?每次提交不通过都会在总时间上加上罚时

图 1－5　特殊气球

20 分钟。可见，过题的正确率也是衡量选手水平的重要指标。

1.2.2　赛事构成

整个 ACM－ICPC 比赛包括各大洲区域赛和全球总决赛。区域赛在每年的 9—12 月举行，总决赛在次年的 3—5 月举行。在区域赛中取得好的成绩，则有机会参与全球总决赛，即 World－Final（如图 1－6 所示）。

图 1－6　赛事构成

对于一名中国学生来说，他的 ICPC 之路大概是这样的。首先他要通过选拔，参与到学校的 ACM 集训队中，在集训队中取得好成绩，能够代表自己的学校参加比赛。之后,这些在学校中出线的队伍,就会到全国各地参加 ICP - CCPC 区域赛的现场赛,在这些比赛中取得好成绩,就会进入到 EC - Final(东亚子赛区比赛)/China - Final(2016 年开始是 China Final)。经过 EC - Final/China - Final 的选拔,成绩优异者就可进入全球总决赛 World - Final,与全球的强者进行对决。2016 年亚洲区域赛信息汇总如表 1 - 3、表 1 - 4 所列。

表 1 - 3 2016 ACM - ICPC 中国区各赛区信息汇总表

赛区(官方网站)	网络赛	现场赛
大连赛区(大连海事大学)	9.1	10.15—10.16
沈阳赛区(东北大学)	9.18	10.22—10.23
香港赛区(香港中文大学)	9.1	11.05—11.06
青岛赛区(中国石油大学)	9.17	11.12—11.13
北京赛区(北京大学)	9.24	11.12—11.13
China - Final(上海大学)	—	12.10—12.11

表 1 - 4 2016 CCPC 各赛区信息汇总表

赛　区	学校(官方网站)	现场赛
长春赛区	吉林大学	9.27
合肥赛区	安徽大学	10.15—10.16
杭州赛区	杭州电子科技大学	10.17—10.19
总决赛	浙江大学宁波理工学院	11.24—11.27

大家可能注意到,ICPC 亚洲区预赛的各站在现场赛之前都举办了网络赛,那么网络赛是什么呢? 网络赛是网络预选赛的简称,用来选拔能参与相应地区现场赛的队伍。这个选拔主要是"选拔学校",根据网络预选赛中各个学校所有队伍的综合表现对学校进行排名,排名规则是取学校排名最高的队伍进行排序,然后根据排名给每个学校分配相应的名额,最终派哪支队伍参赛由学校决定。另外,每支队伍每赛季最多参加 2～3 个赛区的比赛(具体规则请参阅每年的规则),可见队伍的比赛次数是受限的,一支队伍不可能参与全部赛区的比赛。还有一些额外的名额,比如近

三年内在 World - Final 中取得名次的学校可以增加一个名额，本年预选赛承办学校可以增加两个名额等。

1.3 广义 ACM

大家可能注意到，人们日常谈论的 ACM 竞赛不仅仅是 ICPC。其实，ACM 比赛是一类信息学竞赛的泛称，其中包括 Google Code Jam、蓝桥杯、编程之美挑战赛、Topcoder 等。这些比赛都与计算机有关，也都是在这一领域饱负盛名的比赛，热爱程序设计竞赛的同学们不仅会参与ICPC，也会积极参与这些比赛。因而，这些比赛就被泛称为 ACM 竞赛，而热衷于参与这些比赛的选手通常说自己"打 ACM"。

下面介绍几个非常受欢迎的比赛。

1. Google Code Jam

Google Code Jam 是 Google 主办的国际编程竞赛，始于 2003 年。Google 举办这样一项比赛的目的是为自己选拔顶尖的编程人才。比赛的内容与 ICPC 类似，也是在限定的时间内解决一系列算法问题（LOGO与宣传图如图 1 - 7 和图 1 - 8 所示）。

图 1 - 7 Google Code Jam 的 LOGO

与 ICPC 不同的是，这项比赛是个人的比赛而不是团队的比赛，而且比赛除了最终的 Final 全是在线上进行的，也就是说，选手们不用到统一的参赛场地参与比赛。线上预选赛共有三轮，经过三轮的层层筛选，成绩好被选中的人就可以参加最终的现场 Final 比赛（截至 2016 年各国选手Google Code Jam 成绩统计如表 1 - 5 所列）。

图 1 - 8　Google Code Jam 2016 年纽约比赛宣传图

表 1 - 5　截至 2016 年各国选手 Google Code Jam 成绩统计

国　家	第一名	第二名	第三名
白俄罗斯	5	1	0
中国	2	3	1
俄罗斯	2	1	6
波兰	2	0	1
日本	1	1	1
阿根廷	1	0	0
瑞典	1	0	0
美国	0	2	1
荷兰	0	2	0
加拿大	0	1	0
乌克兰	0	1	0
菲律宾	0	1	0
南非	0	0	2
斯洛伐克	0	0	1

2. 蓝桥杯

蓝桥杯——全国软件专业人才设计与创业大赛,它的主办方是中国工业和信息化部人才交流中心,举办这项比赛是为了促进软件行业人才的培养,并且为这一行业输送更多有实践能力的创新型人才。这项比赛分两部分:个人赛和团队赛。个人赛包括:① C/C＋＋程序设计(本科 A 组、本科 B 组、高职高专组);② Java 软件开发(本科 A 组、本科 B 组、高职高专组);③ 嵌入式设计与开发(大学组、研究生组);④ 单片机设计与开发(大学组);⑤ 电子设计与开发(大学组)。团队赛是针对软件创业赛的组别(比赛 LOGO 如图 1 - 9 所示,赛程如图 1 - 10 所示)。

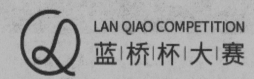

图 1 - 9　蓝桥杯 LOGO

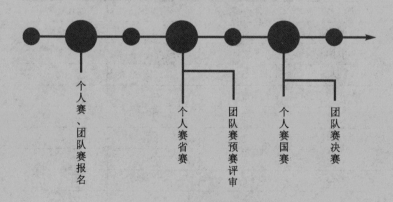

图 1 - 10　蓝桥杯赛程

说到这个蓝桥也很有意思。蓝桥是一个非常艺术的说法,它被比作连接高校和企业的桥梁。蓝桥软件学院也被称为 IT 培训的"国家队"。同时,它也是政府的重要项目,由工信部人才交流中心主办,他们拥有30 多年的 IT 人才培养经验,为广大学员提供权威和有保障的 IT 技术及就业培训,助力高校应用型教育改革,为企业输送高端人才。

3．编程之美挑战赛

编程之美挑战赛是由微软主办的面向学生的大型编程比赛，始于 2012 年。而今，编程之美挑战赛已不仅仅是编程比赛，更多的是帮助学生了解新技术，解决有挑战性问题的一项比赛。这样的改变是希望学生们走在时代的前沿，接触到最新的技术，紧跟当代的热点问题，帮助提高学生们的实践能力（比赛 LOGO 如图 1 - 11 所示）。

图 1 - 11   编程之美挑战赛 LOGO

下面是来自官网的 2017 编程之美挑战赛的命题和赛程，可以看到命题十分有意思，今年的命题是用微软的 Bot Framework 和 Cognitive Services 为所爱的学校打造一个 Bot。Bot Framework 是微软自己开发的、可供用户制作自己的聊天机器人的软件。Cognitive Services 是认证服务 API，提供包括视觉、语音、语言、知识和搜索等共六大类别的 API，这些 API 提供人脸识别、情感分析、语音识别、拼写检查、语言模型等十分新潮的功能（赛题与赛程分别如图 1 - 12 和图 1 - 13 所示）。

4．Topcoder

Topcoder 是一个程序设计比赛网站，同样是程序设计但是比赛形式与 ACM - ICPC 略有不同。这个比赛分为三部分：Coding Phase、Challenge Phase 和 System Test Phase。比 ACM/ICPC 多了 Challenge Phase，这一部分是让参赛者浏览分配在同一"房间"（Room）内其他参赛

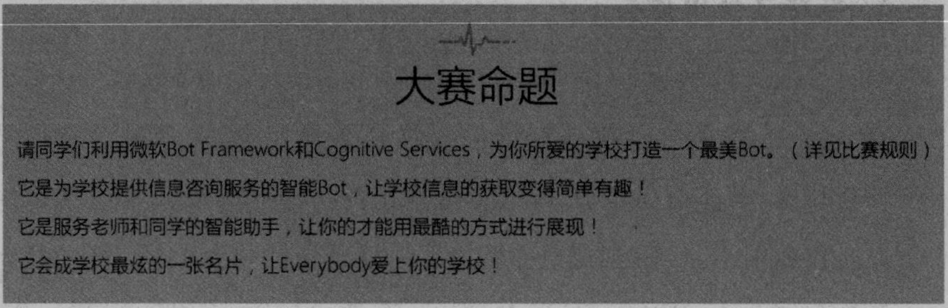

大赛命题

请同学们利用微软Bot Framework和Cognitive Services，为你所爱的学校打造一个最美Bot。（详见比赛规则）

它是为学校提供信息咨询服务的智能Bot，让学校信息的获取变得简单有趣！

它是服务老师和同学的智能助手，让你的才能用最酷的方式进行展现！

它会成学校最炫的一张名片，让Everybody爱上你的学校！

图 1－12　编程之美挑战赛命题

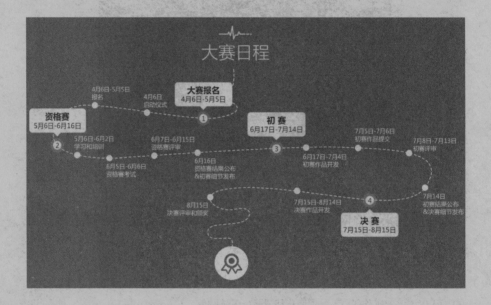

图 1－13　编程之美挑战赛日程

者的代码，然后找出其中的错误，并提出一个测试参数让其不能通过测试。如果一个同学的代码已经通过系统的测试，但是又被其他的参赛者找出错误，那么他也是不能得分的（LOGO 如图 1－14 所示）。

[TOPCODER]

图 1－14　Topcoder 的 LOGO

Topcoder 为 ACMer 提供了一个非常好的平台，在这里人们可以与世界各地的程序员交流碰撞火花，当然这里也是 ICPC 选手们练手的好地方。

　　类似的比赛还有很多，这些比赛被泛称为 ACM 竞赛，大家常说"打 ACM"等，就是说参与这类比赛。这些比赛都有着相似的作用，主办方希望通过这些比赛，营造一种竞争的氛围，提供更广阔的交流平台，鼓励同学们提升能力、拓展视野。同时，这也是各大公司与政府选拔优秀人才的一个平台，让同学们的闪光点能被更多的人发现。

第 2 章　ACM 启程

通过之前的介绍，想必你对 ACM 已经有了一个直观立体的了解。本章将介绍算法学习经验、比赛训练技巧和推荐的资源。如果你选择走 ACM 这条路，那么这些资源是十分有用的；如果你并不想选择 ACM 这条路，那么这些资源同样有用。如果打算进入计算机、软件行业，那么研究生笔试或找工作的笔试都会对参试者的算法能力进行考查，而题目形式与 ACM - ICPC 题目形式类似，因此下面所介绍的资源也会对你有很大的借鉴作用。

2.1　锦囊妙计

2.1.1　入门：刷题 vs 看书

算法在 ACM - ICPC 中占据很大的比重，图 2 - 1 所示是 ACM 涉及的算法：计算几何、图论、动态规划……看到这么多算法，你是否心生退意？你是否觉得茫然无措？不要慌张，下面就会告诉你该如何学习算法。

图 2 - 1　ACM 算法

学习算法是一个循序渐进的过程。很多人在学习算法的过程中都会遇到这样的疑问:初学者是应当先看书学习算法的基本原理,还是通过"刷题"学习算法?

首先,通过看书系统地学习算法及其基本原理是非常有必要的。书中的讲解和示例有助于初学者真正掌握一个算法的基本原理,这样就能解决更多的算法题目。形象地说,掌握"渔"之道,就能获得更多的"鱼"。

有人会有疑问,"我需要一口气学完一整本书吗?掌握所有'渔'之道,我就能很快得到很多'鱼'吗?"然而,起步的时候"只看书"并不是一个很好的选择。《算法导论》是算法学习的经典教材,全书共 745 页,非常厚,想要读完整本书再去"捕鱼",无异于读完整本字典再去看书。对于初学者来说,想要完全弄懂书中的知识点是十分有难度的,很容易让人望而生畏,心生退意。另一方面,"纸上得来终觉浅,绝知此事要躬行。"想要完全掌握书中的内容,仅靠看书也是远远不够的。所以说,在看书的过程中配合"刷题"是十分必要的。

除了在学习算法的过程中要配合"刷题"外,在"刷题"的过程中学习对应的算法也是很好的选择。在"刷题"的过程中,可能会遇到自己还没有学过的算法,这个时候不要将题目跳过,可以主动学习相应的算法及其涉及的知识。在做题的过程中慢慢积累,也会有十分可观的收获。

所以说,看书和"刷题"可以看作是一个"螺旋式"的过程(如图 2 - 2 所示)。在看书的过程中配合"刷题"巩固知识点,会对知识点有更深刻的

图 2 - 2　看书和"刷题"的关系

理解；在"刷题"的过程中，加强对算法的学习，可积累更多的算法知识。通过这样的"螺旋式"学习，只要坚持下去，就能学好 ACM 算法。

2.1.2　刷题：数量 vs 质量

"刷题"，顾名思义就是做很多很多题。"刷题"是提高代码能力最有效的方法。在"刷题"的过程中，能够积累很多经验：在写 bug、Debug 的过程中，可以积累解决 bug 的经验，在这一过程中锻炼出面对 bug 心里毫无波动的强大心态；在编程的过程中通过对算法的不断优化，锻炼出"寻找最优解法"的意识；在大量题目下，增强理解问题、分析问题、解决问题的能力等。

做很多很多题需要付出相应多的时间，所以，为了保证有效地利用时间，我们应当考虑如何有效地刷题。"刷题"如果成为一个"题海战术"（为提升自己的算法能力，做大量的算法题目，而不考虑质量和效率），那么想要从中取得收益就要付出相当多的时间，而这并不是很好的选择。

那么该如何有效地刷题呢？ 首先，我们一定要将自己遇到的算法题目全部解决。在刷算法练习赛、参与算法比赛或者做其他算法练习时，会遇到一些自己当时无法解决的问题。对于这样的题目，不要事后就把它们丢到一边，要积极补题，将题目完全弄明白并解决，不给自己留下知识漏洞。

另外，写解题报告是非常好的选择。解题报告包括：题目分析，对题目的理解、分析，自己的思考过程和对算法的选择等；算法分析，分析自己算法的时间复杂度和空间复杂度，思考自己的算法是否是最优解，是否还有可提升的空间；代码实现，所有题目最终都要落实，写出能够 Accept 的代码。

解题报告不仅仅包括自己之前没有做出来的题目，也应包括自己已经做出来的题目。因为，写题解的过程，能够加强自己对题目的理解，对算法的理解，加深自己对算法的记忆，是对自己已学算法知识的梳理和升华。

在算法训练圣地 Codeforces 中,有很多大神都会写题解,并以 Blog 的形式分享,这个过程不仅有利于自己能力的提升,而且还能与其他人交流,能够产生更多的灵感和火花。

因此,在"刷题"的过程中不仅要保证数量,保证自己有足够多的练习,还应该保证自己做题的质量,在做题的过程中多总结、多思考,才能有更多的收获(质量和数量的关系如图 2 - 3 所示)。

图 2 - 3　质量和数量的关系

2.1.3　训练:团队 vs 个人

通过前面的介绍,我们知道 ACM - ICPC 是一个团队的编程竞赛。团队的特殊性为参赛选手带来了很多便利。具体来说,虽然 ACM 算法非常多,但是参赛团队中的每个队员不需要精通所有算法,他们可以分配不同的算法,从而大大减轻学习负担。

虽然这是一个团队的比赛,但是团队配合也是建立在个人实力的基础之上的,过分依赖队友是不可取的。团队配合已经为个人减轻了许多学习负担,不要求每个人对所有算法面面俱到,全部精通,这就为个人模块训练提供了很大的便利。在一个团队中,如果一个人负责图论,那么他除了日常练习,就会额外补充有关图论的练习。一个团队的实力是由每个队员的实力相加而成的,所以一个团队的实力和个人的实力是密不可分的。想要让队伍强大,不要光依靠队友,努力提高个人实力才是硬道理。

团队的另一大好处就是互相监督、互相鼓励。在训练过程中，一个团队可以制定学习计划，队员们可以互相监督执行计划，互相督促完成目标。同时，在队友遇到困难时，队友之间也可以互相鼓励，互相帮助。此外，日常也可以与队友互相讨论，交流学习经验，这样可以收到非常好的效果。在努力的过程中有志同道合的朋友陪伴，崎岖的成长之路走起来也就没那么孤独了。

ACM - ICPC 既是一项团队的比赛，也是一项个人的比赛。团队的比赛，意味着团结力量大，队友们可以相互配合、监督、激励、帮助；个人的比赛，意味着一个团队的实力与每个队员的实力是分不开的，想要团队强大，努力成就强大的个人是必由之路。

2.2　装备获取

2.2.1　Codeforces

1. 简　介

Codeforces，简称 CF，外行人会误认为是腾讯公司的某游戏。其实它是俄罗斯的一个算法竞赛网站，由萨拉托夫国立大学 Mike Mirzayanov 领导的一个团队创立和维护。Codeforces 提供的比赛题目质量都很高，且比赛每周都会有，安排得十分密集。这个网站除了可以参与算法竞赛、做算法题目，还为使用者提供一个交流的平台。使用者不仅可以发 Blog，还可以在网站上评论他人，与全世界的 ACMer 一起交流自己的想法。该比赛 LOGO 如图 2 - 4 所示。

图 2 - 4　Codeforces 的 LOGO

2．比赛规则

比赛时长共 2 小时，比赛题目共 5 题。选手解决一道问题会得到一定的分数，分数有着特定的计算法则。选手完成一道题后得到的分数＝题目分数－错误次数×50，而且题目分数随着比赛的进行是逐渐减少的。在比赛中出现错误，系统可以给出详细的错误报告，例如"Wrong answer on pretest 3"，就是提示选手在第三测试点出现了问题。在比赛进行中"解决一道问题"指的是 Pretest Passed，也就是通过了一次仅含部分测试点的测评，这只能暂时让选手得到分数，最终决定选手是否真正得到题目分数的是比赛结束后的统一测评，System Test。在比赛结束后，如果没有通过题目，就会提示 FST（Failed System Test）。

上面提到了，选手解决题目会得到一定的分数，那么这些分数是用来做什么的呢？在 CF 中所有的用户都会根据以往比赛中的表现被赋予一个 Rating（类似于排名）并冠以不同的头衔，名字也会用不同的颜色显示。

各个头衔的 Rating 范围和名字颜色（如图 2-5 所示）：

- ［2600，inf) International Grandmaster 红
- ［2200,2600) Grandmaster 红
- ［2050,2200) International Master 黄
- ［1900,2050) Master 黄
- ［1700,1900) Candidate Master 紫
- ［1500,1700) Expert 蓝
- ［1350,1500) Specialist 绿
- ［1200,1350) Pupil 绿
- （-inf,1200) Newbie 灰

根据 Rating，选手们被分为两类，Rating 高于 1700 为 Div.1，低于 1700 为 Div.2。同样的，CF 中的比赛也按照 Div.1 和 Div.2 进行区分，比赛会指明是 Div.1 或 Div.2 或者 Div.1 和 Div.2 同时进行。Div.1 的

	Who	#	=
Rating: users participated in recent 6 months			▶
1	tourist	130	3602
2	Radewoosh	72	3246
3	LHiC	87	3236
4	W4yneb0t	72	3181
5	TakanashiRikka	30	3178
6	Petr	117	3146
7	moejy0viiiiiv	69	3122
8	izrak	58	3109
9	Um_nik	119	3105
9	ershov.stanislav	91	3105
11	I_love_Tanya_Romanova	194	3045
12	-XraY-	113	3001
12	RomaWhite	106	3001
14	Zlobober	96	2996
15	Merkurev	92	2994

图 2 - 5　Rating 列表

比赛比较难，Div. 2 的比赛比较简单，如果是 Div. 1 和 Div. 2 同时进行的比赛，那么 Div. 1 的 ABC 三题会与 Div. 2 的 CDE 三题相同（注：题目是按照难度递增顺序排序的）。对于新用户，他的 Rating 会被记为 1500，被分配到 Div. 2（个人 Rating 变化曲线如图 2 - 6 所示）。

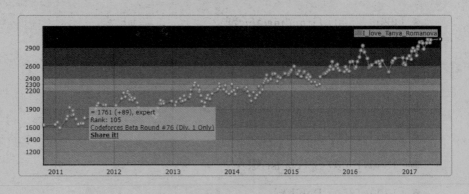

图 2 - 6　个人 Rating 变化曲线

　　CF 有一个有趣的 Hack 机制，与之前提到的 Topcoder 中 Challenge 相似。在 CF 的比赛中，同一个 Div 的大概 30 位选手被划分到若干个 Room 里，同一个 Room 里的选手可以互相 Hack 代码。

下面讲讲如何 Hack 别人的代码。当某选手的某道题 Pretest Passed(通过部分测试点)之后,就可以 Lock 自己的代码,在这之后,就可以看同 Room 的其他选手已经 Pretest Passed 的代码。选手需要找出其他人代码中的漏洞,然后自己找出或生成一个数据让这段代码不通过。这就是一个 Hack 的过程。如果 Hack 成功,也就是成功找到漏洞并且找出让代码不通过的数据,那么就可以得到 100 分,如果没成功就会被扣除 50 分。

另外,这个网站还有一个有趣的部分 GYM。GYM 中有很多特殊的比赛,其中的比赛规则与 ACM - ICPC 类似。在 GYM 中可以选择组队参赛或者单人参赛。在 GYM 中比赛与 ACM - ICPC 常规比赛类似,在提交答案之后,选手不能看到数据,仅能看到一行错误提示信息。不过,在名字变红之后,就有了特殊的权限 Coach mode,之后选手就可以看到数据了。

3. 交 流

之前也提到过 Codeforces 给选手们提供了一个交流的平台,那么这个交流体现在何处呢?

在代码方面,当遇到不会解决的问题时,除了上网找题解,还可以借鉴大佬们的代码。CF 中不同题库的代码都是公开的,供大家查看。更好的是,这些代码是按照提交先后、运行时间、代码长度进行排序的,一目了然地把更优秀的代码筛选出来,供大家学习借鉴。这种交流方式非常有助于大家编程能力的提高。

下面介绍查看他人代码的方法:

第一步,选择你要完成的题目,如图 2 - 7 所示。

第二步,如果需要查看其他人的代码,单击 STATUS 之后,进入提交状态页面,如图 2 - 8 所示。

第三步,单击最前面的数字,即可查看相应的代码,如图 2 - 9 所示。

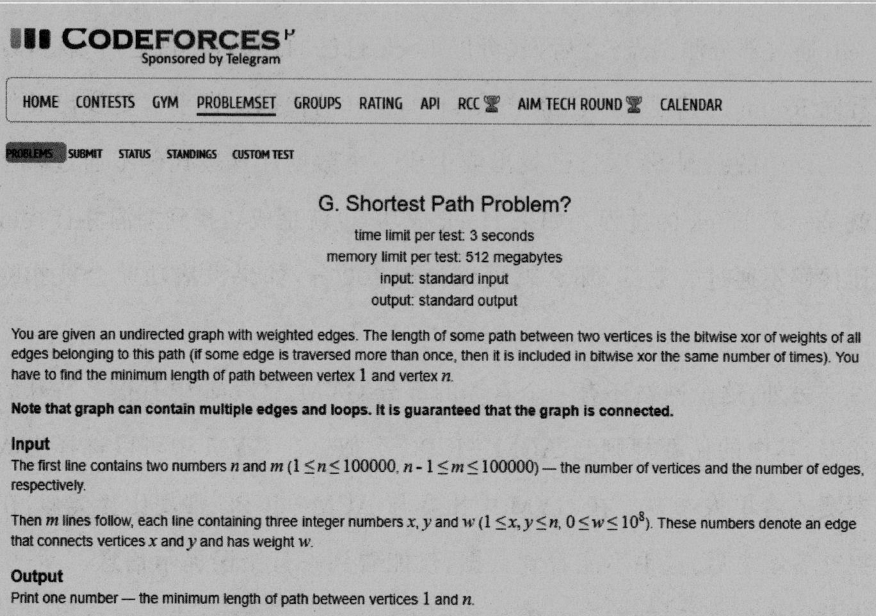

III CODEFORCES
Sponsored by Telegram

HOME CONTESTS GYM **PROBLEMSET** GROUPS RATING API RCC 🏆 AIM TECH ROUND 🏆 CALENDAR

PROBLEMS SUBMIT STATUS STANDINGS CUSTOM TEST

G. Shortest Path Problem?

time limit per test: 3 seconds
memory limit per test: 512 megabytes
input: standard input
output: standard output

You are given an undirected graph with weighted edges. The length of some path between two vertices is the bitwise xor of weights of all edges belonging to this path (if some edge is traversed more than once, then it is included in bitwise xor the same number of times). You have to find the minimum length of path between vertex 1 and vertex n.

Note that graph can contain multiple edges and loops. It is guaranteed that the graph is connected.

Input

The first line contains two numbers n and m ($1 \le n \le 100000$, $n-1 \le m \le 100000$) — the number of vertices and the number of edges, respectively.

Then m lines follow, each line containing three integer numbers x, y and w ($1 \le x$, $y \le n$, $0 \le w \le 10^8$). These numbers denote an edge that connects vertices x and y and has weight w.

Output

Print one number — the minimum length of path between vertices 1 and n.

图 2 - 7 题目描述页面

HOME CONTESTS GYM **PROBLEMSET** GROUPS RATING API RCC 🏆 AIM TECH ROUND 🏆 CALENDAR

PROBLEMS SUBMIT **STATUS** STANDINGS CUSTOM TEST

Contest status ☰

#	When	Who	Problem	Lang
29767178	2017-08-25 06:45:31	goodeed	844A - Diversity	GNU C++1:
29767177	2017-08-25 06:45:30	ichsan98	4A - Watermelon	Python 3
29767176	2017-08-25 06:45:28	PlayfulPanda	840E - In a Trap	GNU C++1:
29767174	2017-08-25 06:45:23	dzssw 00:50	844C - Sorting by Subsequences	GNU C++14
29767169	2017-08-25 06:45:07	yuricardoso	486A - Calculating Function	GNU C++1:
29767168	2017-08-25 06:44:59	nonaforce	845B - Luba And The Ticket	GNU C++1:
29767167	2017-08-25 06:44:49	ankurdua15	844C - Sorting by Subsequences	Java 8
29767166	2017-08-25 06:44:42	jcbages	844D - Interactive LowerBound	GNU C++14
29767165	2017-08-25 06:44:41	krishnateja	133A - HQ9+	GNU C
29767164	2017-08-25 06:44:37	phongjoki	599A - Patrick and Shopping	GNU C11
29767163	2017-08-25 06:44:35	whyno11	734B - Anton and Digits	GNU C++1:
29767162	2017-08-25 06:44:33	einnoB	1A - Theatre Square	GNU C++1:
29767161	2017-08-25 06:44:17	Daniel_Yeh	843B - Interactive LowerBound	GNU C++1:

图 2 - 8 提交情况页面

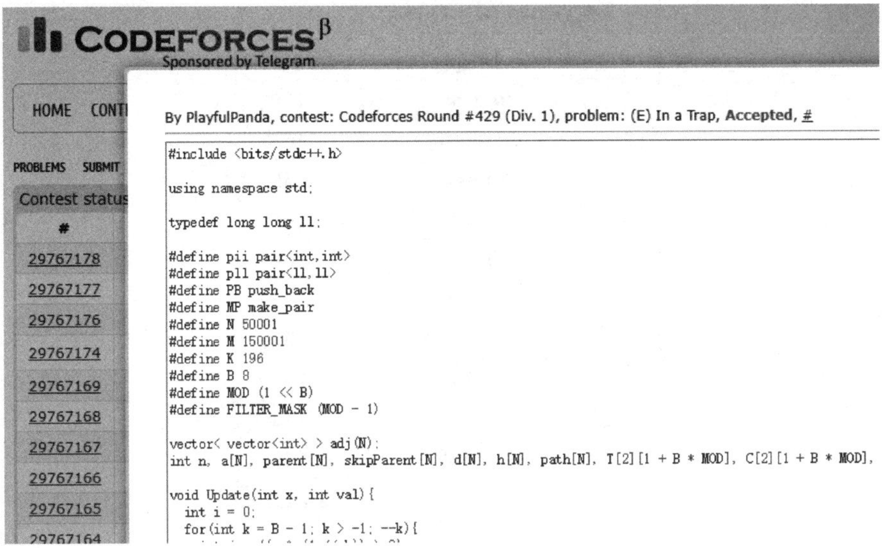

图 2-9　代码界面

　　还有一点就是之前提到过的 Blog,大佬们通常在 Blog 中分享自己的题解等,可供其他人借鉴学习或评论讨论等。在这里,CF 中也有类似于"顶"和"踩"的功能(类似于好评和差评),但是这并不像其他社交论坛一样,无论"顶""踩"都无关痛痒。在 CF 中,这些都关系着一个人的 Contribution,贡献值,也就是对 CF 做出的贡献。如果很在乎这个 Contribution,就要注意自己的评价或者 Blog 的质量,这样才会有更多的贡献。CF 用这样的机制,在某种程度上避免了水军的出现,保证了整个网站信息的有效性。Contribution 如图 2-10 所示。

4. 使用方法

　　Codeforces 的网址是 codeforces.com,是一个纯英文的网站,为了方便没有基础的同学更快上手,在这里简要地介绍这个网站的使用方法。

(1) 打开 codeforces.com,注册一个账号

　　根据网站上的步骤注册账号之后,在 Codeforces 中你就有了自己的一个身份了,接下来你就可以做题、参与比赛,同时有自己的 Rating 了,如图 2-11 所示。

→ Top contributors		
#	**User**	**Contrib.**
1	rng_58	178
2	csacademy	167
3	tourist	165
3	Errichto	165
5	Petr	164
6	Swistakk	158
7	matthew99	153
8	Zlobober	151
9	zscoder	143
10	GlebsHP	137
		View all →

图 2 - 10 Top contributors 列表

HOME CONTESTS GYM PROBLEMSET GROUPS RATING API RCC VK CUP HFT BATTLE CALENDAR

Educational Codeforces Round 27

By **PikMike**, history, 40 hours ago,

Hello Codeforces!

On August 21, 18:05 MSK Educational Codeforces Round 27 will start.

Series of Educational Rounds continue being held as Harbour.Space University initiative! You can read the details about the cooperation between Harbour.Space University and Codeforces in the blog post.

The round will be **unrated** for all users and will be held on extended ACM ICPC rules. After the end of the contest you will have one day to hack any solution you want. You will have access to copy any solution and test it locally.

You will be given **7 problems** and **2 hours** to solve them.

The problems were prepared by Ivan **BledDest** Androsov, Vladimir **0n25** Petrov, Mike **MikeMirzayanov** Mirzayanov and me.

Good luck to all participants!

Harbour.Space also has a word for you:

图 2 - 11 Codeforces 首页

（2）进入 CONTESTS 页面参与比赛

单击 CONTESTS 就会进入到比赛界面，页面上面是 Current or upcoming contests，正在进行或者即将进行的比赛，下面是 Past contests，过去的比赛，可供选手进行练习，如图 2 - 12 所示。

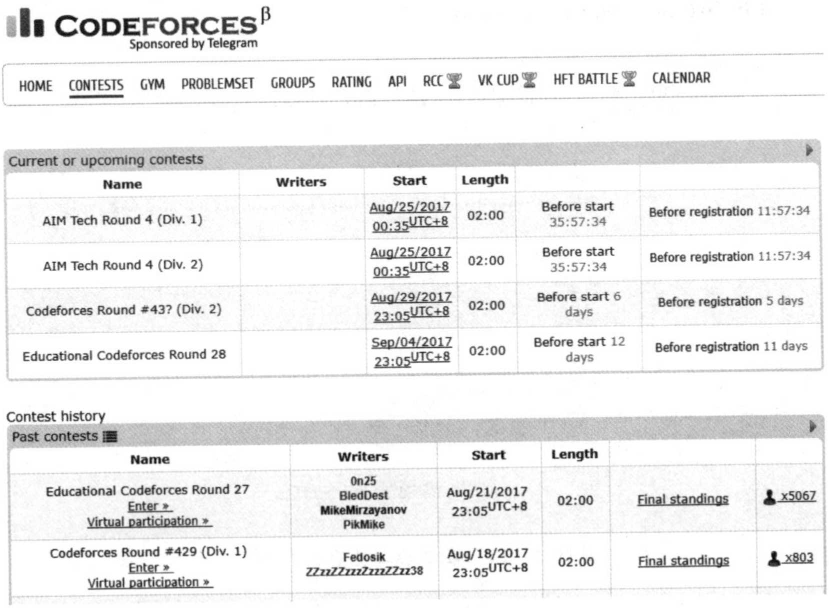

图 2 - 12　比赛列表

　　由于时差，在中国，比赛开始时间通常在半夜。如果不小心错过了比赛也不要担心，单击某个过去的比赛，就可以进入相应的比赛界面，在这里可以看到一些注意事项，还可以模拟参加比赛。

　　模拟参加比赛时，可以设置自己的参赛身份，可以是个人参赛或者是组队参赛，还可以设置开始时间，之后就可以模拟参加这个比赛了。这个有趣的功能，可以在日常学习中给选手提供一个模拟参赛环境，给错过比赛的选手第二次比赛的机会，如图 2 - 13 所示。

（3）GYM 中的练习

　　与 Past contests 相比，GYM 中的训练与现实中的比赛更加相似，它的规则更加严格；另外，GYM 的题目将不会在 PROBLEMSET 里显示，提交之后也不能看到数据，只能看到简单的题检结果，如"Wrong answer in pretest 123"等。这也是积累实战经验的好地方，如图 2 - 14 所示。

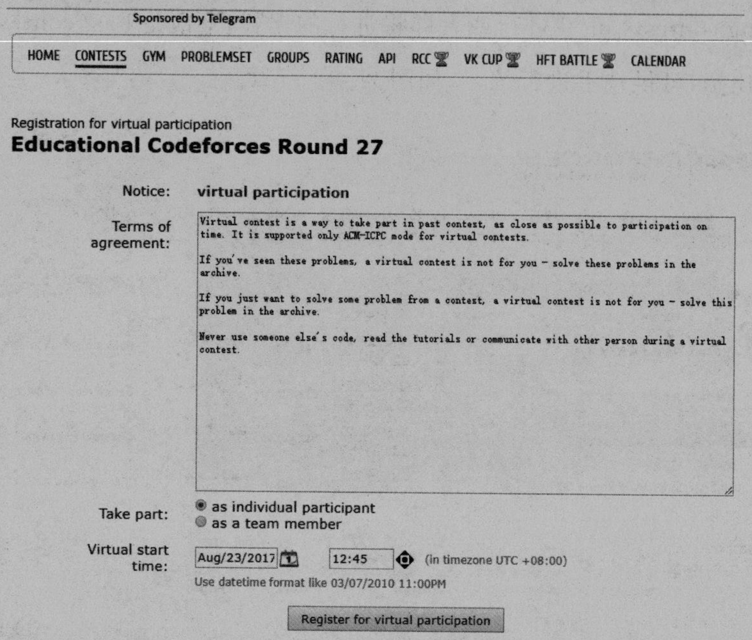

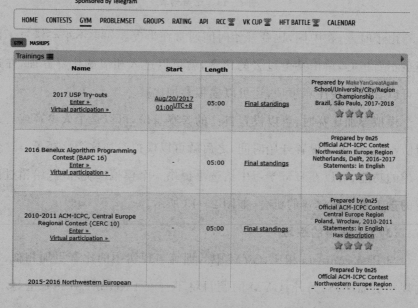

图 2 - 13　模拟参与比赛的页面

图 2 - 14　GYM 页面

（4）题目列表

日常想要训练，还可以在 PROBLEMSET 里面进行训练，里面都是单独的题目，题目来自之前的比赛，而且后面还标注了题目的类型。如果想要进行专题训练，还可以进行筛选，对相应专题进行集中训练。后面还标注了 Solved 人数，就是已经解决本题的人数。结合前面的题目来源，在某种程度上就可以判断题目的难度，如图 2 - 15 所示。

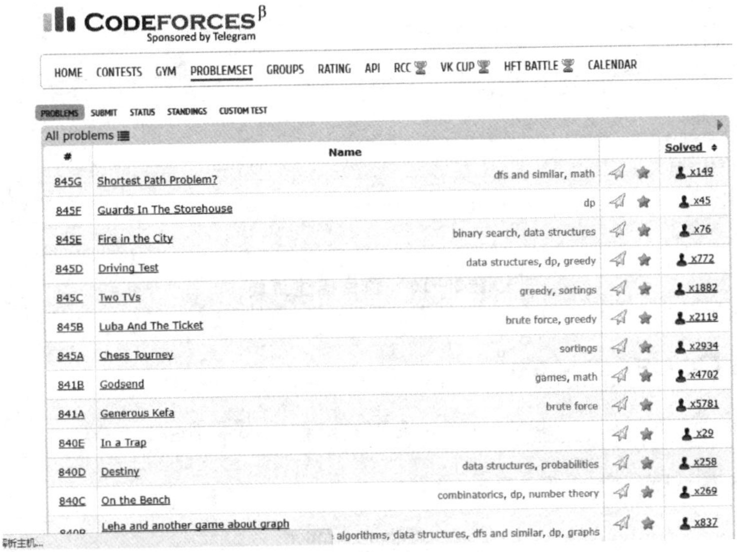

图 2 - 15 题目列表页面

（5）做题过程

点开某道题目就会看到相应的题目介绍：题目名称的下方有时间限制、内存限制、输入限制，还有输出限制；紧跟着是题目描述，有输入和输出的要求，还有相应的示例。根据这些就可以做题了，如图 2 - 16 所示。

单击 PROBLEMS 右侧的 SUBMIT 就可以提交问题了。可以选择自己想要使用的 Language 编程语言。下方的 Source code 就是最终放置源代码的地方，如图 2 - 17 所示。

当然也可以把源代码的文件直接上传提交。上传文件的位置就在Sources code 框的下方，如图 2 - 18 所示。

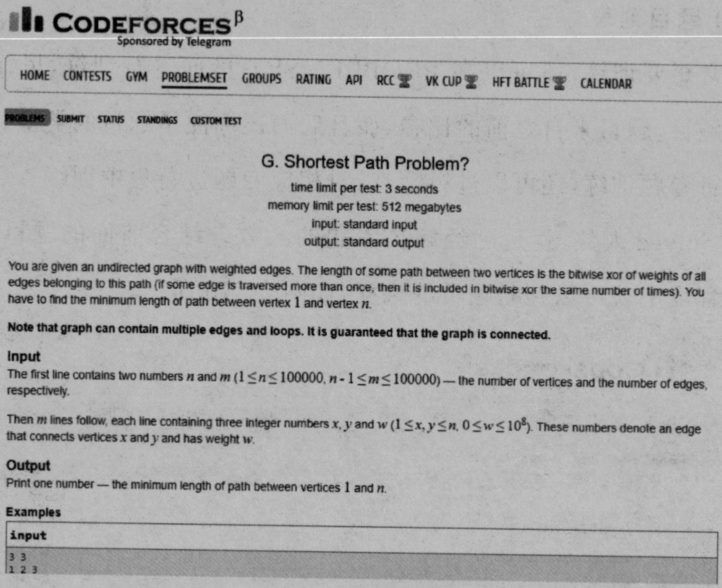
CODEFORCES β
Sponsored by Telegram
HOME CONTESTS GYM PROBLEMSET GROUPS RATING API RCC VK CUP HFT BATTLE CALENDAR
PROBLEMS SUBMIT STATUS STANDINGS CUSTOM TEST
G. Shortest Path Problem?
time limit per test: 3 seconds
memory limit per test: 512 megabytes
input: standard input
output: standard output
You are given an undirected graph with weighted edges. The length of some path between two vertices is the bitwise xor of weights of all edges belonging to this path (if some edge is traversed more than once, then it is included in bitwise xor the same number of times). You have to find the minimum length of path between vertex 1 and vertex n.
Note that graph can contain multiple edges and loops. It is guaranteed that the graph is connected.
Input
The first line contains two numbers n and m (1 ≤ n ≤ 100000, n - 1 ≤ m ≤ 100000) — the number of vertices and the number of edges, respectively.
Then m lines follow, each line containing three integer numbers x, y and w (1 ≤ x, y ≤ n, 0 ≤ w ≤ 10^8). These numbers denote an edge that connects vertices x and y and has weight w.
Output
Print one number — the minimum length of path between vertices 1 and n.
Examples
input
3 3
1 2 3

图 2－16　题目描述页面

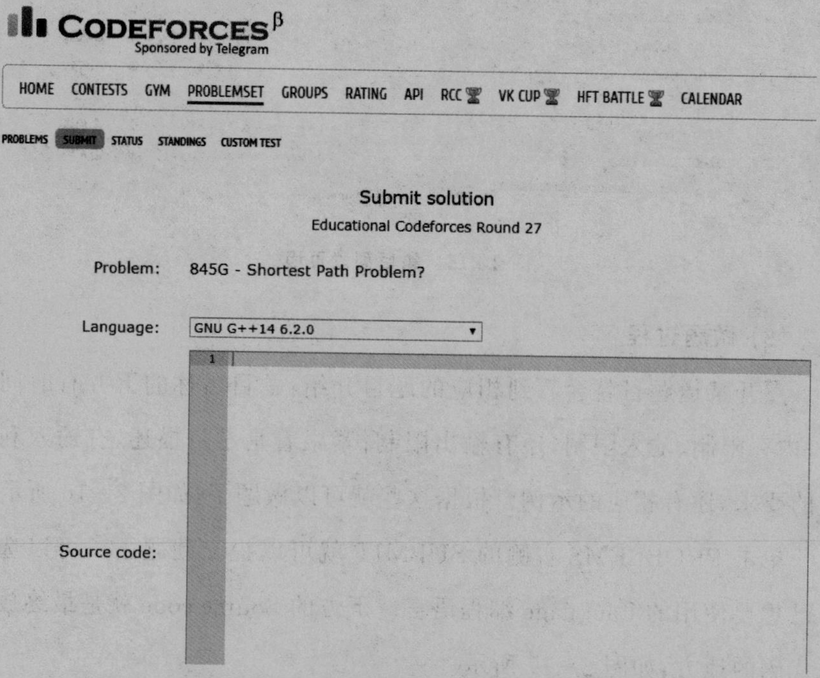
CODEFORCES β
Sponsored by Telegram
HOME CONTESTS GYM PROBLEMSET GROUPS RATING API RCC VK CUP HFT BATTLE CALENDAR
PROBLEMS SUBMIT STATUS STANDINGS CUSTOM TEST
Submit solution
Educational Codeforces Round 27
Problem: 845G - Shortest Path Problem?
Language: GNU G++14 6.2.0
Source code:

图 2－17　题目提交页面

Source code:

☐ Switch off editor   Tab size: 4

Or choose file: 选择文件 未选择任何文件

Submit

图 2-18 上传文件

提交代码之后就可以在 STATUS 中看到提交结果，可以找到自己的提交记录并查看结果。Verdict 一列就是程序的运行结果；Time 是程序的运行时间；Memory 是程序的运行内存。这些都可以考查程序的优劣。这里还可以看到其他人的提交状况，以便进行参考，如图 2-19 所示。

图 2-19 提交情况页面

2.2.2 LeetCode

1. 简　介

LeetCode 是一个准备编程技术面试的平台，是有名的"刷题"平台。

这个平台与其他的 OJ 类似，也有许多很好的题目。不同的是，这个平台自带题解。当选手遇到不会的题目时，可以方便地找到题解来参考，对于学习掌握各类题目更加方便。在这里每周都会有比赛，比赛也会有排名，可以与世界各地的朋友比拼。LeetCode 的 LOGO 和首页如图 2 - 20 和图 2 - 21 所示。

图 2 - 20　LeetCode 的 LOGO

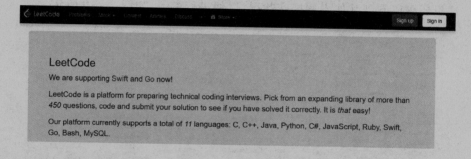

图 2 - 21　LeetCode 首页

2．使用方法

（1）进入网站后先注册一个账户

LeetCode 的网址是 leetcode. com，进入网站后先注册一个账户，之后就可以在上面做题了，如图 2 - 22 所示。

（2）题目列表

单击 PROBLEMS 进入题目页面，选择自己想要训练的模块，如：OO Design（面向对象设计）、Operating System（操作系统）、Algorithms（算法）等，如图 2 - 23 所示。

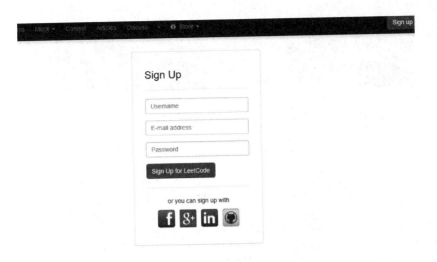

图 2 - 22　注册页面

图 2 - 23　题目类别选择

　　选择"算法",可以看到"算法"分类下的题目列表,Solution 标注了某道题目是否有题解,后面的 Difficulty 明确地标注了题目的难度,如图 2 - 24 所示。

(3) 解题过程

　　点开一道题目就可以查看题目信息,其中包括题目的描述、相应的示例、帮助解释。在下方的框内可以直接写入答案并提交,如图 2 - 25 和图 2 - 26 所示。

　　细致的你可能已经注意到,在这里需要提交的代码与之前的网站有些不同。之前的 Codeforces 需要用户根据某些测试数据输出相应的结果,并根据匹配程度来判断题目是否通过。而在 LeetCode 中并不是这样的形式,在这里你需要写一个完成某项任务的"函数",之后也会对函数进行测试。

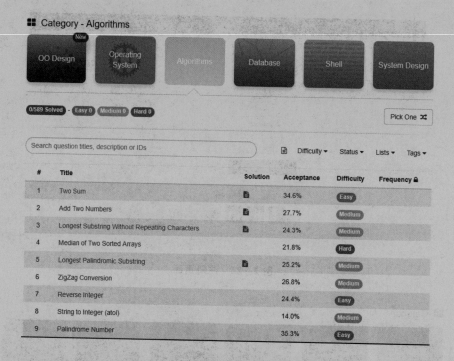

图 2 － 24   题目列表

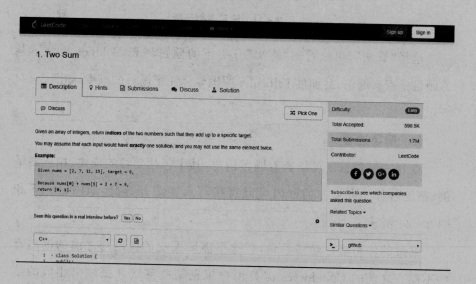

图 2 － 25   题目界面

与其他的 OJ 不同，LeetCode 提供在线测试功能。写完代码之后可以在线运行，如图 2 - 27 所示。

```
     Java                        ▼    ⟳    🖼
  1  ▼  class Solution {
  2  ▼      public int[] twoSum(int[] nums, int target) {
  3            Map<Integer, Integer> map = new HashMap<>();
  4  ▼         for (int i = 0; i < nums.length; i++) {
  5  ▼             map.put(nums[i], i);
  6            }
  7  ▼         for (int i = 0; i < nums.length; i++) {
  8  ▼             int complement = target - nums[i];
  9  ▼             if (map.containsKey(complement) && map.get(complement) != i) {
 10  ▼                 return new int[] { i, map.get(complement) };
 11                }
 12            }
 13            throw new IllegalArgumentException("No two sum solution");
 14        }
 15  }
```

图 2 - 26　答题示例

图 2 - 27　运行按钮和提交按钮

单击运行按钮后可以看到相应的运行结果，如图 2 - 28 所示。

Run Code Status: Finished

Run Code Result:	×

Your input

```
[3,2,4]
6
```

Your answer

```
[1,2]
```

Expected answer

```
[1,2]
```

Show Diff

Runtime: 1 ms

Note: Is Run Code inconsistent with Submit Solution? If you are using global variables or C/C++, check this out.

图 2 - 28　运行结果示例

如果运行结果没问题，就可以提交代码了。提交之后可以在 Submission 选项卡中查看自己详细的提交结果，比如 Run Time 等，如图 2 - 29 所示。

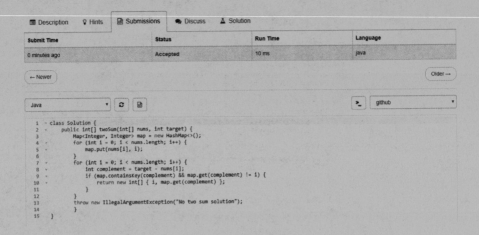

图 2 - 29　提交界面

(4) 关于 Discuss

在 Discuss 选项卡中同样是做过这道题的选手交流想法的地方。在 Discuss 中还能看到一些精选的其他选手解决这道问题的方法。点进去之后还能看到选手们的讨论，十分有趣，如图 2 - 30 和图 2 - 31 所示。

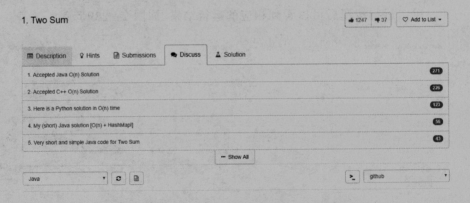

图 2 - 30　Discuss 选项卡

(5) 官方题解

最后在 Solution 选项卡中给出的是官方的答案与解析，解析十分详细，代码风格也不错，十分值得学习，如图 2 - 32 所示。

图 2 - 31 Discuss 详细内容

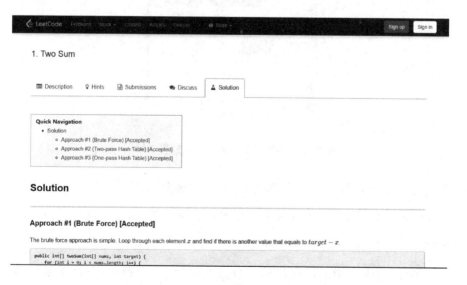

图 2 - 32 Solution 选项卡

2.2.3 《算法竞赛入门经典》(第 2 版)

《算法竞赛入门经典》(第 2 版)是一本很好的算法竞赛入门训练教材(如图 2-33 所示)。这本书的作者是刘汝佳，他在 2000 年获得 NOI2000 全国青少年信息学奥林匹克竞赛一等奖第四名，进入国家集训队，并因此保送到清华大学计算机科学与技术系，2001 年获 ACM-ICPC 国际大学生程序设计竞赛亚洲上海赛区冠军和 2002 年世界总决赛银牌(世界第四)。

图 2-33 《算法竞赛入门经典》(第 2 版)

这本书最大的特点是比较基础，理论讲解少，实践演示多。因为书中对算法的讲解比较少，所以这本书并不适合学习算法，更适合作为练习指导，配合《算法导论》等算法书使用更佳。

另外，这本书中的示例代码十分规范简捷，易于理解，有助于基础薄弱的选手理解算法的基本原理，学习编程技巧。不仅如此，这本书中还包含了很多开发、测试和调试的技巧，这些在算法类书籍中是很少见的，但在 ACM 选手成长过程中却很重要。ACM 选手在成长的过程中不可避免地要做很多算法题,有 bug 是非常正常的事情,因此学习一定的测试与调试技巧可以帮助选手更快意识到自己的问题所在,理解错误是如何出现的,并进行改正。当你成长为一个更加专业的选手之后往往会避免利用机器调试,而是自己手动调试,为什么这样呢? 一些不是很复杂的错误往往手动调试更加快捷,比赛中能给选手节约很多时间,所以,后期选手们会锻炼自己手动调试程序的能力。然而,这并不表明学习测试和调试技巧没有用,手动调试需要大量的经验积累才能使调试速度变快,而经验积累的过程就需要用到机器测试与调试。

2.2.4 《挑战程序设计竞赛》(第 2 版)

很多参赛选手都向后辈推荐了这本书,可见这本书的价值。《挑战程序设计竞赛》(第 2 版)(见图 2-34)是人民邮电出版社出版发行的图书,作者是秋叶拓哉、岩田阳一、北川宜稔,译者是巫泽俊、庄俊元、李津羽。

下面是作者和译者的简介:

- 秋叶拓哉,Google code jam 2010 第 9 名;ACM-ICPC World Finals 2012 第 11 名;Topcoder open 2012 algorithm 第 4 名,昵称 iwi。

- 岩田阳一,Google code jam 2009 第 3 名;Topcoder open 2010 marathon 冠军;IPSC 2010 个人组 冠军,昵称 wata。

- 北川宜稔,ACM-ICPC World Finals 2010 第 16 名,昵称 kita_masa。

- 巫泽俊,ACM-ICPC World Finals 2009 第 6 名;ACM-ICPC World Finals 2011 冠军;Google code jam 2012 第 7 名,昵称 watashi 和 rejudge。

- 庄俊元,ACM-ICPC Asia phuket regional 2011 冠军;2012 年跻身 ACM-ICPC World Finals 以及百度 astar 总决赛,昵称 navi 和 navimoe。

● 李津羽，浙江大学 2011 级计算机系博士生，在浙大 cad&cg 实验室从事科研工作。

这本书的作者和译者在 ACM 方面都十分有经验，都是国际知名选手，在 ACM 方面也取得了十分傲人的成就，这本书凝聚了他们的经验与心血，十分有价值。

图 2－34　《挑战程序设计竞赛》(第 2 版)

另外，这本书被人广为推荐的原因并不仅仅是它的作者十分优秀，更多的是因为这本书的内容结构十分优秀，循序渐进，是一本很好的教科书。它对程序设计竞赛中的基础算法和经典问题进行了汇总，分为准备篇、初级篇、中级篇与高级篇 4 篇。

其中，准备篇向大家介绍了程序设计竞赛、书籍的使用方法，还有 POJ 和 GCJ 的详细使用方法等。在准备篇中作者给读者介绍了学习工具的使用方法，也就是所谓的"工欲善其事，必先利其器"。

初级篇、中级篇、高级篇分别给读者介绍了不同难度的算法，循序渐进,在讲解算法的同时,还为大家准备了相应的例题和练习题,非常适合想要参加 ICPC 类似的程序竞赛的同学自主学习。这本书对于算法的讲解十分详细、十分清楚,对每个模块逐一攻破,便于读者理解。书中大部分题目都有实例代码,代码的风格很好,还有相应的思路说明,可供读者参考学习。不仅如此,书中还总结介绍了一些技巧,帮助同学们解决难题。

最后引用译者的一句话进行总结:

"虽然书中的内容已经足以让读者的 Rating 冲上 2500,但真要达到 2500 的实力却还离不开充足的训练,通过实践把书中的内容真正化为己有。"

2.2.5　《算法导论》

《算法导论》这本书也算是在计算机领域尽人皆知的经典了(见图 2 - 35 和图 2 - 36)。这本书的英文全名是 *INTRODUCTION TO ALGORITHMS*,作者是 Thomas H. Cormen,Charles E. Leiserson,Ronald L. Rivest,Clifford Stein。他们都是知名的计算机学科教授,对算法有深入研究,是这个领域十分权威的专家。

图 2 - 35　英文原版《算法导论》封面

图 2-36 《算法导论》中文译本封面

这本书有几大特点：

● 全面性。这本书的厚度在某种程度上显示了书籍内容的丰富程度。
  书中涵盖的算法十分全面，为读者提供了各个算法的详细介绍。

● 独立性强。书中的各个算法自成体系，前后的连贯性不强。这使
  得读者能够自行选择需要学习的算法进行学习，而不用担心之前
  有的章节没有学习，导致直接看后面的章节会看不明白。这样的
  做法能让读者灵活地学习算法，十分贴心。

● 浅显易懂。书中不仅对各个算法进行了介绍，而且还给出了算法
  的证明和相应的伪代码，让读者能够彻底理解算法的原理，在易
  懂的同时又不失严谨性。对于有一定程序语言基础和数学基础
  的人，这本书并不难阅读。

这本书十分厚，看起来非常吓人，让很多初学者望而却步。但是不要
担心，在学习这本书的时候，能够在网上找到各种"帮助"，在知乎、CSDN 以
及各种博客上都能找到许多大佬的学习笔记，看到他们是如何学习、理解
这本书的。看看他们的心得，也能帮助自己对这本书有更加深刻的理解。

第3章 赛题讲解

在本章中,可以看到历届比赛的部分真题及讲解,内容包括模拟、搜索、动态规划、数据结构、图论、数论等,题目难易结合,只为使读者更了解ACM 竞赛题目的形式、难度,不涉及知识点的系统讲解。

一道竞赛题目一般分为几部分:题号、标题、时间限制、空间限制、英文题意、输入格式、输出格式、输入样例、输出样例,部分题目有样例解释。接下来读者看到的每一道题目都由以上部分组成。

3.1 模 拟

模拟题是按照题目的要求操作即可得到结果的一类题目,一般出现在简单题或者难题位置,注重考查代码实现能力、细节和特殊情况处理。

3.1.1 2017 ACM－ICPC 亚洲区域赛沈阳站 I 题

I. Little Boxes

Time Limit:1 000 ms   Memory Limit:65 536 kb

Little boxes on the hillside.

Little boxes made of ticky-tacky.

Little boxes.

Little boxes.

Little boxes all the same.

There are a green boxes, and b pink boxes.

And c blue boxes and d yellow boxes.

And they are all made out of ticky-tacky.

And they all look just the same.

Input

The input has several test cases. The first line contains the integer t ($1 \leqslant t \leqslant 10$) which is the total number of test cases.

For each test case, a line contains four non-negative integers a, b, c and d where a, b, c, $d \leqslant 2^{62}$, numbers of green boxes, pink boxes, blue boxes and yellow boxes.

Output

For each test case, output a line with the total number of boxes.

Sample Input

```
4
1 2 3 4
0 0 0 0
1 0 0 0
111 222 333 404
```

Sample Output

```
10
0
1
1070
```

题意：

有 a 个绿色盒子、b 个粉色盒子、c 个蓝色盒子、d 个黄色盒子,问一共有多少个盒子?

思路：

看上去就是直接输出 $a+b+c+d$ 的值，不过这里有一个坑点，观察 a,b,c,d 的范围，发现最大都可以达到 2^{62}，那么和最大可达 2^{64}，就算用一般范围最大的整数类型 unsigned long long 也不能表示，可能有读者会想写 Java 或者写高精度了，但是其实只有 4 个数都是 2^{62} 的时候才会超过 unsigned long long，那么就可以特判这种情况，输出 2^{64} 的真实值，其他情况就用 unsigned long long 计算并输出就可以了。

通过代码：

```
#include <cstdio>
int main()
{
    int t;
    unsigned long long a,b,c,d;
    scanf("%d",&t);
    while(t--)
    {
        scanf("%llu%llu%llu%llu",&a,&b,&c,&d);

if(a==(1ULL << 62)&&b==(1ULL << 62)&&c==(1ULL << 62)&&d==(1ULL << 62)) //(1ULL << 62)表示 2 的 62 次方
            printf("18446744073709551616\n"); //2 的 64 次方
        else printf("%llu\n",a+b+c+d);
    }
    return 0;
}
```

题目总结：

这道题主要考查对数据范围的敏感度以及对各基本数据范围的掌握程度，提醒读者一定要对此多加注意，数据溢出是比赛中很常见的问题。

3.1.2　2017 ACM - ICPC 亚洲区域赛北京站 E 题

E. Cats and Fish

Time Limit：1 000 ms　　Memory Limit：262 144 kb

There are many homeless cats in PKU campus. They are all happy because the students in the cat club of PKU take good care of them. Li Lei is one of the members of the cat club. He loves those cats very much. Last week, he won a scholarship and he wanted to share his pleasure with cats. So he bought some really tasty fish to feed them, and watched them eating with great pleasure. At the same time, he found an interesting question:

There are m fish and n cats, and it takes c_i minutes for the i-th cat to eat out one fish. A cat starts to eat another fish (if it can get one) immediately after it has finished one fish. A cat never shares its fish with other cats. When there are not enough fish left, the cat which eats quicker has higher priority to get a fish than the cat which eats slower. All cats start eating at the same time. Li Lei wanted to know, after x minutes, how many fish would be left.

Input

Thereare no more than 20 test cases.

For each test case:

The first line contains 3 integers: above mentioned m, n and x ($0 < m \leqslant 5\,000, 1 \leqslant n \leqslant 100, 0 \leqslant x \leqslant 1\,000$).

The second line contains n integers $c_1, c_2, \cdots, c_n$, c_i means that it takes the i-th cat c_i minutes to eat out a fish ($1 \leqslant c_i \leqslant 2\,000$).

Output

For each test case, print 2 integers p and q, meaning that there are p complete fish(whole fish) and q incomplete fish left after x minutes.

Sample Input

```
2 1 1
1
8 3 5
1 3 4
4 5 1
5 4 3 2 1
```

Sample Output

```
1 0
0 1
0 3
```

题意:

北大校园里有许多猫,北大猫俱乐部的同学们在照顾它们,这些猫很开心。李磊是其中一员,他很喜欢猫,上星期他获得了奖学金,想要给猫买些好吃的鱼,看着猫吃鱼他也很开心,这时他发现了一个有趣的问题。

这里有 m 条鱼 n 只猫,第 i 只猫吃一条鱼的时间是 c_i 分钟,当猫吃完一条鱼后会紧接着吃下一条,并且猫不会分享鱼给其他猫。当鱼不够时,吃得快的猫先得到鱼,所有猫从同一时刻开始吃鱼,李磊想知道 x 分钟后还剩多少鱼。

思路:

这道题看来数据范围不大,直接按照题目说的模拟就可以了,为了表示现在到了什么时间,该给哪只猫喂新鱼了,可以使用优先队列存储吃完一条鱼的时间,同时也记下这只猫吃一条鱼要吃多久,直到鱼都没了或者是时间到了为止，最后输出结果。需要注意题目中要求输出的是还有多少条完整的鱼以及有多少条吃了一部分的鱼。

通过代码：

```cpp
#include <cstdio>
#include <queue>
using namespace std;
priority_queue<pair<int,int>,vector<pair<int,int>>,greater<pair<int,int>>> pq;
// 优先队列，小的排在前边，pair 的第一位是吃完鱼的时间，第二位是
//吃每条鱼的时间
int main()
{
    int m,n,x,c,p,q;
    while(scanf("%d%d%d",&m,&n,&x)!=EOF)
    {
        p=0; //有多少吃完的鱼
        q=0; //有多少正在吃的鱼
        for(int i=0;i<n;i++)
        {
            scanf("%d",&c);
            pq.push(make_pair(0,c));
        }
        while(!pq.empty()&&pq.top().first<=x&&p+q<=m)
                                    //时间不到并且还有鱼
        {
            if(pq.top().first!=0) //除了时间为 0 的时候，都是吃完
                                    //当前吃的鱼
            {
                q--;
                p++;
            }
            if(pq.top().first!=x&&p+q<m) //没到时间并且还有鱼
                                    //就新发一条
            {
                q++;
```

```
        pq.push(make_pair(pq.top().first + pq.top().second,
        pq.top().second));
        }
        pq.pop();
    }
    printf("%d %d\n",m-p-q,q); //m-p-q表示还剩多少
                               //鱼没有吃,是完整的
    while(!pq.empty()) //处理完每组数据后一定要清空优先队列
        pq.pop();
    }
    return 0;
}
```

题目总结:

这道题主要考查一些细节,比方说什么时候发鱼,还有读题,看清输出格式里要求什么,并且注意多组数据要清空一些用过的容器。

这道题在赛场中还有点小故事,北京大学的全给党队在第 8 分钟通过此题,是全场第一个通过的,但是由于他们队是友情参赛不计成绩,发给他们的一血气球(该题是第一个通过的队伍获得特殊气球)被收了回来,发给了第 9 分钟通过此题的上海交通大学夜幕队,还是很具有戏剧性的。在赛后讲题的时候,主讲人还说北京大学出题带着 PKU 标志的一般是简单题,也是这道题的一个梗吧,以后打北京大学的比赛要注意。

3.1.3 2013 ACM-ICPC 亚洲区域赛成都站 B 题

B. Beautiful Soup

Time Limit: 1 000 ms   Memory Limit: 32 768 kb

Coach Pang has a lot of hobbies. One of them is playing with "tag soup" with the help of Beautiful Soup. Coach Pang is satisfied with Beautiful Soup in every respect, except the prettify() method, which attempts to turn a soup into a nicely formatted string. He decides to rewrite the method to prettify a HTML document according to his personal preference. But Coach Pang is always very busy，so he gives this task to you. Considering that you do not know anything about "tag soup" or Beautiful Soup，Coach Pang kindly left some information with you：

In Web development，"tag soup" refers to formatted markup written for a web page that is very much like HTML but does not consist of correct HTML syntax and document structure. In short，"tag soup" refers to messy HTML code.

Beautiful Soup is a library for parsing HTML documents (including "tag soup"). It parses "tag soup" into regular HTML documents，and creates parse trees for the parsed pages.

The parsed HTML documents obey the rules below.

HTML

HTML stands for Hyper Text Markup Language.

HTML is a markup language.

A markup language is a set of markup tags.

The tags describe document content.

HTML documents consist of tags and texts.

Tags

HTML is using tags for its syntax.

A tag is composed with special characters：'<', '>' and '/'.

Tags usually come in pairs，the opening tag and the closing tag.

The opening tag starts with"<" and the tagname. It usually ends with a ">".

The closing tag starts with"</" and the same tagname as the corresponding opening tag. It ends with a ">".

There will not be any other angle brackets in the documents.

Tagnames are strings containing only lowercase letters.

Tags will contain no line break ('\n').

Except tags，anything occured in the document is considered as text content.

Elements

An element is everything from an opening tag to the matching closing tag(including the two tags).

The element content is everything between the opening and the closing tag.

Some elements may have no content. They're called empty elements，like <hr></hr>.

Empty elements can be closed in the opening tag，ending with a "/>" instead of ">".

All elements are closed either with a closing tag or in the opening tag.

Elements can have attributes.

Elements can be nested (can contain other elements).

The <html> element is the container for all other elements，it will not have any attributes.

Attributes

Attributes provide additional information about an element.

Attributes are always specified in the opening tag after the tagname.

Tag name and attributes are separated by single space.

An element may have several attributes.

Attributes come in name="value" pairs like class="icpc".

There will not be any space around the '='.

All attribute names are in lowercase.

A Simple Example ＜a href＝"http://icpc. baylor. edu/"＞ACM – ICPC＜/a＞

The ＜a＞ element defines an HTML link with the ＜a＞ tag.

The link address is specified in the href attribute.

The content of the element is the text "ACM – ICPC".

You are feeling dizzy after reading all these，when Coach Pang shows up again. He starts to spout for hours about his personal preference and you catch his main points with difficulty. Coach Pang says：

Your task is to write a program that will turn parsed HTML documents into formatted parse trees. You should print each tag or text content on its own line preceded by a number of spaces that indicate its depth in the parse tree. The depth of the root ofthe a parse tree（the ＜html＞ tag）is 0. He is satisfied with the tags，so you shouldn't change anything of any tag. For text content，throw away unnecessary white spaces including space（ASCII code 32），tab（ASCII code 9）and newline（ASCII code 10），so that words（sequence of characters without white spaces）are separated by single space. There should not be any trailing space after each line nor any blank line in the output. The line contains only white spaces is also considered as blank line. You quickly realize that your only job is to deal with the white spaces.

Input

The first line of the input is an integer T representing the number of test cases.

Each test case is a valid HTML document starts with a ＜html＞

tag and ends with a </html> tag. See sample below for clarification of the input format.

The size of the input file will not exceed 20 KB.

Output

For each test case, first output a line "Case # x:", where x is the case number (starting from 1).

Then you should write to the output the formatted parse trees as described above. See sample below for clarification of the output format.

Sample Input

```
2
<html><body>
<h1>ACM
ICPC</h1>
<p>Hello<br/>World</p>
</body></html>
<html><body><p>
Asia Chengdu Regional</p>
<p class="icpc">
ACM-ICPC</p></body></html>
```

Sample Output

```
Case #1:
<html>
<body>
  <h1>
   ACM ICPC
  </h1>
```

```
    <p>
    Hello
    <br/>
    World
    </p>
    </body>
</html>
Case #2：
<html>
 <body>
  <p>
   Asia Chengdu Regional
  </p>
  <p class="icpc">
   ACM - ICPC
  </p>
 </body>
</html>
```

Hint

Please be careful of the number of leading spaces of each line in above sample output.

题意：

将一段 HTML 代码改为符合规则的格式，每个标签单独占一行，一个部分的文本整体占一行，单词与单词之间空一格，标签和文本每一级缩进差一个空格。

思路：

按题目一点一点模拟，每次读入一行，分析其中成分，按照规则加入答案，最后输出。

通过代码：

```
# include <cstdio>
# include <iostream>
# include <string>
using namespace std;
int main()
{
    int n,kase = 0,sp;
    string last = "",now = "",temp = ""; //last 是上一组数据剩下的开
                                          //头代码,now 是这一组数据的
                                          //内容,temp 是这一行的读入
    scanf(" % d",&n);
    while(n -- )
    {
        now = "";
        while(1)
        {
            getline(cin,temp);
            temp = last + temp;
            last = "";
            if(now!= "")
                now += ' '; //上一行和这一行用空格隔开
            now += temp;
            for(int i = 0;i<temp.length();i++ ) //判断一组数据结尾
                if(temp.substr(i,7) == "</html>")
                {
                    last = temp.substr(i + 7,temp.length() -
                        (i + 7));
                    now = now.substr(0,now.length() - (temp.length
                        () - (i + 7)));
                    f = false;
                    break;
```

```
            }
        if(!f)
            break;
    }
    for(int i = 0;i<now.length();i++) //用空格替换 tab
        if(now[i] == 9)
            now[i] = ' ';
    printf("Case # % d:\n",++kase);
    sp = 0;
    for(int i = 0;i<now.length();)
    {
        if(now[i] == '<') //处理标签
        {
            if(now[i + 1]!= '/')
                sp++ ;
            while(now[i]!= '>')
            {
                printf(" % c",now[i]);
                i++ ;
            }
            if(now[i - 1] == '/')
                sp-- ;
            //printf(" % d",i);
            printf(" % c\n",now[i]);
            i++ ;
            while(now[i] == ' ')
                i++ ;
            if (i + 1<now.length()&&now[i] == '<'&&now[i + 1] =
              = '/')
                sp-- ;
            for(int j = 0;j<sp;j++ )
                printf(" ");
        }
        else //处理普通文本
        {
            bool text = false;
            while(i<now.length()&&now[i]!= '<')
```

```
                {
                    bool space = false;
                    while(i<now. length()&&now[i] == ' ')
                    {
                        i++;
                        space = true;
                    }
                    if(i> = now. length()||now[i] == '<')
                        break;
                    if(space&&text)
                        printf(" ");
                    printf(" % c",now[i]);
                    text = true;
                    i++;
                }
                if(text)
                    printf("\n");
                if (i + 1<now. length()&&now[i] == '<'&&now[i + 1] =
                    = '/')
                    sp--;
                if(text)
                    for(int j = 0;j<sp;j++)
                        printf(" ");
            }
        }
    }
    return 0;
}
```

题目总结：

这道题考查细节,虽然题目很长但其实简单读一下就会发现要做的事情,但还是要仔细读题,了解题目的具体要求,然后根据要求一点一点地实现。本题是中档题,现场通过的队伍还是比较多的,不过赛场上这道题的数据不是特别强,有一些细节没处理好的队伍也通过了此题。本题还不是细节最多实现最麻烦的模拟题型,最难的题目全场可能通过不到

63

10 队，主要在于程序非常难写且需要占用大量机时，当出现错误时不容易查出，一般队伍不在最后没有什么题的情况下都不会轻易尝试。

3.2 搜 索

搜索可以用来枚举所有的情况或者遍历一个图中的每个点进行一些操作，包括访问、计数等，一般适用于处理数据范围较小的情况。搜索主要分为两种方法，深度优先搜索（DFS）一般适用递归的方法实现；广度优先搜索（BFS）需要借助队列，适用于求最少步数。由于搜索过程中可能有大量重复，所以一般用数组记录访问过的点或者使用 set 等数据结构维护到达过的情况。当到达某个情况时，无论后边怎么做都不能达到题目条件，就可以不做后边的搜索而回溯到之前的情况，这样的操作叫做剪枝，也是常见的优化搜索的方法。

3.2.1 2016 ACM - ICPC 亚洲区域赛沈阳站 E 题

E. Counting Cliques

Time Limit：4 000 ms　　Memory Limit：655 36 kb

A clique is a complete graph, in which there is an edge between every pair of the vertices. Given a graph with N vertices and M edges, your task is to count the number of cliques with a specific size S in the graph.

Input

The first line is the number of test cases. For each test case, the first line contains 3 integers N, M and S ($N \leqslant 100, M \leqslant 1\ 000, 2 \leqslant S \leqslant 10$), each of the following M lines contains 2 integers u and v ($1 \leqslant u < v \leqslant N$), which means there is an edge between vertices u and v. It is guaranteed that the maximum degree of the vertices is no larger than 20.

Output

For each test case, output the number of cliques with size S in the graph.

Sample Input

```
3
4 3 2
1 2
2 3
3 4
5 9 3
1 3
1 4
1 5
2 3
2 4
2 5
3 4
3 5
4 5
6 15 4
1 2
1 3
1 4
1 5
1 6
2 3
```

```
2 4
2 5
2 6
3 4
3 5
3 6
4 5
4 6
5 6
```

Sample Output

```
3
7
15
```

题意：

统计一个图中大小为 S 的团的数量，团是一个任意两个点之间都有边相连的图。

思路：

这道题看来数据范围很小，可以从每个点开始搜索，记录当前成团的有哪些点，每次加点的时候先看是否和当前成团的点都有边，如果都有就加进来，并标记这个点已使用了，避免选重复的点。为了不遗漏情况，搜索完一个点后，要把这个点重新标记为未使用。

通过代码：

```cpp
# include <cstdio>
# include <vector>
using namespace std;
vector<int> mp[101];
bool e[101][101];
```

```
int clique[101];
int sz,ans;
int T,N,M,S,u,v;
void dfs(int x)
{
    clique[sz++] = x;  //加入团中
    if(sz == S)  //达到数量了
    {
        ans++;
        sz--;
        return;
    }
    for(int i = 0;i<mp[x].size();i++)  //找下一个点
    {
        bool f = true;
        for(int j = 0;j<sz;j++)
            if(!e[mp[x][i]][clique[j]])
            {
                f = false;
                break;
            }
        if(f)  //与团中的点都相连
            dfs(mp[x][i]);
    }
    sz--;  //把这个点移除
    return;
}
int main()
{
    scanf("%d",&T);
    while(T--)
    {
        scanf("%d%d%d",&N,&M,&S);
        for(int i = 0;i<M;i++)
        {
            scanf("%d%d",&u,&v);
            mp[u].push_back(v);  //添加单向边避免一个团被重复
```

```
            e[u][v] = true;
            e[v][u] = true;
        }
        for(int i = 1;i< = N;i ++ )
            dfs(i);
        printf(" % d\n",ans);
        for(int i = 1;i< = N;i ++ )
            mp[i].clear();
        for(int i = 1;i< = N;i ++ )
            for(int j = 1;j< = N;j ++ )
                e[i][j] = false;
        ans = 0; //清空数据避免干扰下一组数据
    }
    return 0;
}
```

题目总结：

　　这道题需要注意一些细节和搜索的技巧,存图时为了避免一个团被多次搜到,可以只在邻接表里加单向边,但是在标记两点间是否有边的邻接矩阵中对两个方向均做标记,搜索时不需要考虑每个点,只需要考虑与最后一次选出的点相连就可以了,多组数据要注意数据清0,可以借助样例的多组数据或者将样例的一组数据多复制几遍看答案是否正确。由于样例数据比较长,在比赛场上没有电子题面,一定要注意不要打错,反复检查样例输入是否正确,如果查半天代码发现是样例输错了,时间上会非常吃亏。

3.2.2　2015 ACM - ICPC 亚洲区域赛北京站 C 题

C. Today Is a Rainy Day

Time Limit：1 000 ms　　Memory Limit：262 144 kb

Today is a rainy day. The temperature is apparently lower than yesterday. Winter is coming. It always leaves people feeling fatigued and tired.

Lee hasn't prepared for winter yet. As he wakes up this morning, he looks out of the window. Yesterday's shining sunlight can no longer be seen. It is dark outside. The sky looks so heavy that it may collapse down at any moment. Lee gets out of his bed, shakes his head slightly to make himself more awake. But it's of no use for him. Then he goes to the restroom and washes up.

Lee has a class in fifteen minutes. If he sets out immediately, he may gets to the classroom on time. But he is not in the mood to do so. He decides to skip class and does something more interesting to train his mind.

He takes out a draft paper and writes a list of digits using a dice. It is obvious that the digits are all between 1 and 6. And then he applies two kind of modifications to the digits. The first kind is to modify one digit into another. The second kind is to modify one kind of digits into another. For example, he can modify "12123" to "12121" using the first kind of modification, or modify "12123" to "13133" using the second kind of modification. In the process of modification, all digits should be in $\{1, 2, 3, 4, 5, 6\}$;

After a few modifications, he feels tired but pleased. He's got a list of digits which is very different from the original one. Thinking of the next thing to do, Lee becomes a little excited. He is going to figure out the least number of modifications to transform the final list back to the original one using the same rules.

Lee made it in a very short time. Can you do this like him?

Input

There are up to 100 test cases.

For each test case，there are two lines containing two lists of digits，representing the original list and the final list in order. The digits are all between 1 and 6. It is guaranteed that two lists are of same length. The length will not be greater than 110.

Output

For each test case，output one integer，the answer.

Sample Input

22345611

12345611

2234562221

1234561221

2234562211

1234561111

22345622112

12345611111

654321654321654321654321

123456123456123456123456

Sample Output

1

2

3

3

11

题意：

今天是个下雨天，温度看来比昨天低，冬天正在来临，让人感到疲乏。

李还没有准备好迎接冬天，当他今早醒来望向窗外时，看不到像昨天一样的阳光了，外边都是黑暗的，天沉沉的好像时刻都可能坍塌。李从床上起来，摇摇头让自己清醒，但是好像没有什么用，接着他去洗漱了。

李 15 分钟后有节课，如果他现在出发，还可以按时到教室，但是他没有心情这么做。他决定翘课去做些有意思的事情。

他拿了一张草稿纸，利用骰子写下来一串数字。很明显数字会在 1 到 6 之间。接着他有两种操作，第一种是把某一位数换成其他数，第二种是把某一种数一起换成其他数。比方说，可以通过第一种操作将"12123"变成"12121"，可以通过第二种操作将"12123"变成"13133"，在每次操作的时候所有的数字都还要在 1 到 6 之间。

经过了若干次操作，他觉得累了但是很开心。他得到了一串和最开始差别很大的数。他想知道最少经过多少次操作可以将现在这串数变回原来的数。李很快就算出来了，你可以吗？

思路：

先做第二种操作再做第一种操作一定更优，BFS 预处理 123456 变成某个数字串的最少步数，这就相当于在做第二种操作，每一个变成的状态就相当于 1,2,3,4,5,6 六个数字会变成什么，对于每一个状态，先按照它变换一下最后的字符串，再看有几个位置还不对，那就再用第一种操作补上，总步数就是预处理记下的步数与最后不对的位置数之和，取所有总步数的最小值就可以了。

通过代码：

```
# include <cstdio>
# include <queue>
# include <set>
# include <cstring>
```

```
using namespace std;
int status[1000001],sp[1000001];
queue<pair<int,int> > q;
int ed;
set<int> vis;
int digit[7];
void bfs() //预处理
{
    status[ed] = 123456;
    sp[ed] = 0;
    q.push(make_pair(123456,0));
    vis.insert(123456); //用六位数表示状态
    ed++;
    int now,step;
    while(!q.empty())
    {
        now = q.front().first;
        step = q.front().second;
        q.pop();
        for(int i = 6;i>=1;i--)
        {
            digit[i] = now%10;
            now/=10;
        }
        for(int i = 1;i<=6;i++)
            for(int j = 1;j<=6;j++)
            {
                now = 0;
                for(int k = 1;k<=6;k++) //注意要把数字是 i 的
                                        //全部替换成 j
                    if(digit[k]!=i)
                        now = now*10+digit[k];
                    else now = now*10+j;
                if(vis.find(now) == vis.end()) //看状态是否搜索过了
                {
                    status[ed] = now;
                    sp[ed] = step+1;
```

```
                    q. push(make_pair(now,step + 1));
                    vis. insert(now);
                    ed + + ;
                }
            }
        }
    return;
}
char s1[111],s2[111];
int s[111];
int change[7];
int main()
{
    bfs();
    int len,ans,cnt,t;
    while(scanf(" % s % s",s1,s2)! = EOF)
    {
        ans = 0x7fffffff;
        len = strlen(s1);
        for(int i = 0;i<ed;i + + )
        {
            t = status[i];
            for(int j = 6;j> = 1;j - - )
            {
                change[j] = t % 10;
                t/ = 10;
            }
            for(int j = 0;j<len;j + + )
                s[j] = change[s2[j] - '0'];
            cnt = 0;
            for(int j = 0;j<len;j + + )
                if(s[j]! = s1[j] - '0')
                    cnt + + ;
            if(ans>cnt + sp[i]) //统计总步数取最小值
                ans = cnt + sp[i];
        }
        printf(" % d\n",ans);
```

```
    }
    return 0；
}
```

题目总结：

这道题需要注意预处理，以及每一次操作都要把所有为 i 的数换掉，样例已经把比较坑的地方告诉选手了，所以样例要格外注意，调试时可以输出中间变量看看哪里有问题。

3.2.3　2011 ACM - ICPC 亚洲区域赛北京站 J 题

J. GemAnd Prince

Time Limit：5 000 ms　　　Memory Limit：32 768 kb

Nowadays princess Claire wants one more guard and posts the ads throughout the kingdom. For her unparalleled beauty, generality, goodness and other virtues, many people gather at the capital and apply for the position. Because princess Claire is very clever, she doesn't want a fool to be her guard. As Claire is clever, she invents a game to test the applicants. The game is described as follows.

The game begins with a rectangular board of n rows and m columns, containing $n \times m$ grids. Each grid is filled with a gem and each gem is covered by one color, denoted by a number(如图 3 - 1 ～图 3 - 4 所示).

If a gem has the same color with another one, and shares the same corner or the same border with it, the two are considered to be adjacent. Two adjacent gems are said to be connective. And we define that if A and B are connective, B and C are connective, then A and C are connective, namely the adjacency is transitive. Each time we can choose a gem and pick up all of the gems connected to it, including itself, and get a

图 3-1 图例之一

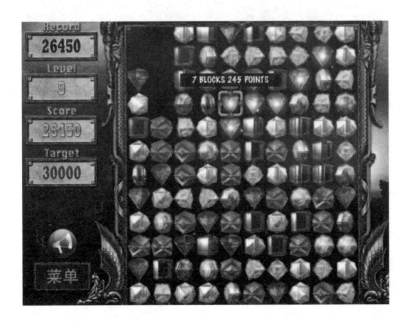

图 3-2 图例之二

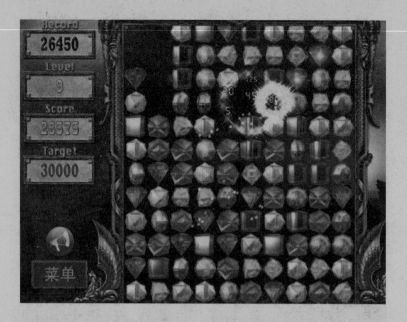

图 3 - 3　图例之三

图 3 - 4　图例之四

score equal to the square of the number of the gems we pick this time (but to make the game more challenging, the number of gems to be picked each time must be equal or larger than three). Another rule is that if one gem is picked, all the gems above it(if there is any)fall down to fill its grid,and if there is one column containing no gems at all, all the columns at its right(also if there is any) move left to fill the column. These rules can be shown as follows(如图 3－5 所示).

```
1 1 3        0 0 3        0 0 0        0 0 0
1 2 1    -> 0 2 0    -> 0 0 3    -> 0 3 0
1 1 2        0 0 2        0 2 2        2 2 0
[a]          [b]          [c]          [d]
```

图 3－5 规 则

As the picture [a] above,all the gems that has color 1 are connective. After we choose one of them to be picked, all the gems that are connected to it must also be picked together, as the picture [b] shows (here we use 0 to denote the holes generated by the absence of gems).

Then the rest gems fall, as shown in picture [c]. Then the rest gems move left, as shown in picture [d]. Because we picked six gems at this time, our score increases $6 \times 6 = 36$. And furthermore, because we cannot find another gem, which has at least three gems connected to it (including itself),to be picked, the game comes to an end.

Each applicant will face such a board and the one who gets the highest score will have the honor to serve princess Claire.

Aswmtjdsj also wants to serve for princess Claire. But he realizes that competing with so many people, even among whom there are powerful ACMers, apparently there is little chance to succeed. With the strong desire tobe the lucky dog, Aswmtjdsj asks you for help. Can you help make his dream come true?

Input

There are no more than 15 test cases，separated by a blank line，end with EOF. Each case has $n+1$ lines，the first line of a case has three integers n，m，k ($1 \leqslant n$，$m \leqslant 8$，$1 \leqslant k \leqslant 6$). Each of the next n lines contains / integers. The integer at $(i+1)$th line and j-th column denotes the color of the gem at the grid $(i，j)$，where the grid$(1，1)$ denotes the top left one，while the grid$(n，m)$ is the lower right one. The integer in the grid is among $[1，k]$.

Output

For each case you should output the highest score you can get in one single line.

Sample Input

3 3 3
1 1 3
1 2 1
1 1 2

5 4 3
2 2 3 3
1 1 3 3
3 2 2 2
3 1 1 1
3 1 2 2

Sample Output

36
103

题意：

克莱尔公主想再要一名守卫，就在全国张贴了布告。因为她无与伦比的美丽、温柔和有其他很多优点，很多人聚集到首都申请这个职位。克莱尔公主十分聪明，她不想要比较笨的人做守卫，因此她设计了一个游戏测试申请者。

这个游戏有一个 n 行 m 列的矩阵，每个格子都有一个颜色，颜色用数字表示。如果一个格子和另一个格子颜色相同且两个格子有边相连或顶角接触，则认为这两个格子相连，格子相连具有传递性，如果 A 和 B 相连，B 和 C 相连，那么 A 和 C 也相连。每一次我们选择一个格子，拿走与它相连的所有格子，包括它本身，得到这次拿走的格子数的平方的分数，为了游戏更有挑战性，要求每次最少拿 3 个格子。另外，如果一个格子被拿走了，它上边的格子会往下落填充空白。如果某一列没有格子了，那么它右边的列会左移填补空缺。

图中显示了一种取法，得分为 36 分。每个人都会面对这样一个矩阵，得分最高的人可以成为守卫。

Aswmtjdsj 也想成为守卫，但是竞争激烈，他想知道最多可以得到多少分。

思路：

这道题没什么好办法，只能搜索，需要处理下移和左移，可以加一个剪枝，如果当前可能的最高得分都达不到之前的最优解，就可以停止搜索。

通过代码：

```
#include <cstdio>
int mp[9][9];
int ans;
int n,m,k;
int total;
```

```
int maxsum()  //记录最大和,这个和也未必达得到
{
    int cnt[10],ret;
    for(int i = 1;i < = k;i + + )
        cnt[i] = 0;
    for(int i = 0;i < n;i + + )
        for(int j = 0;j < m;j + + )
            cnt[mp[i][j]] + + ;
    ret = 0;
    for(int i = 1;i < = k;i + + )
        ret + = cnt[i] * cnt[i];
    return ret;
}
void calsum(int x,int y,bool vis[][9],int c)  //记录连通块内元素数量
{
    if(x < 0||x > = n||y < 0||y > = m||vis[x][y]||mp[x][y]!= c)
        return;
    total + + ;
    mp[x][y] = 0;
    vis[x][y] = true;
    calsum(x - 1,y - 1,vis,c);
    calsum(x - 1,y,vis,c);
    calsum(x - 1,y + 1,vis,c);
    calsum(x,y - 1,vis,c);
    calsum(x,y + 1,vis,c);
    calsum(x + 1,y - 1,vis,c);
    calsum(x + 1,y,vis,c);
    calsum(x + 1,y + 1,vis,c);
}
void change()  //先向下再向左
{
    int p;
    for(int i = 0;i < m;i + + )
    {
        p = n - 1;
        for(int j = n - 1;j > = 0;j - - )
            if(mp[j][i])
```

```
            mp[p--][i] = mp[j][i];
        for(int j = p;j>=0;j--)
            mp[j][i] = 0;
    }
    p = 0;
    for(int i = 0;i<m;i++)
    {
        if(mp[n-1][i])
        {
            for(int j = n-1;j>=0;j--)
                mp[j][p] = mp[j][i];
            p++;
        }
    }
    for(int i = p;i<m;i++)
        for(int j = 0;j<n;j++)
            mp[j][i] = 0;
    return;
}
void dfs(int score) //搜索
{
    if(score>ans) //更新答案
        ans = score;
    if(maxsum() + score<= ans) //剪枝
        return;
    int now[9][9];
    for(int i = 0;i<n;i++) //保存当前地图
        for(int j = 0;j<m;j++)
            now[i][j] = mp[i][j];
    bool vis[9][9];
    for(int i = 0;i<n;i++)
        for(int j = 0;j<m;j++)
            vis[i][j] = false;
    for(int i = 0;i<n;i++)
        for(int j = 0;j<m;j++)
        {
            total = 0;
```

```
        for(int k = 0;k<n;k++) //恢复当前地图
            for(int l = 0;l<m;l++)
                mp[k][l] = now[k][l];
        if(mp[i][j]&&!vis[i][j])
            calsum(i,j,vis,mp[i][j]);
        if(total<3)
            continue;
        change();
        dfs(score + total * total);
    }
    return;
}
int main()
{
    while(scanf("%d%d%d",&n,&m,&k)!= EOF)
    {
        for(int i = 0;i<n;i++)
            for(int j = 0;j<m;j++)
                scanf("%d",&mp[i][j]);
        ans = 0;
        dfs(0);
        printf("%d\n",ans);
    }
    return 0;
}
```

题目总结：

这道题一定要注意保存状态和恢复状态，要用到很多局部变量，一定要万分小心。

3.3 动态规划

动态规划是一种决策过程，将一个多阶段的过程转化成很多单阶段的过程，利用每个阶段之间的关系逐个求解，找到最优结果的过程。这在竞赛中十分常见,重点在于找到状态转移方程,有可能是从前往后,有可能是区间从小到大,甚至可能是轮廓线的样子,又或者跟数位相关,变化多端。

3.3.1 2017 ACM – ICPC 亚洲区域赛北京站 J 题

J. Pangu and Stones

Time Limit:1 000 ms   Memory Limit:262 144 kb

In Chinese mythology,Pangu is the first living being and the creator of the sky and the earth. He woke up from an egg and split the egg into two parts:the sky and the earth.

At the beginning,there was no mountain on the earth,only stones all over the land.

There were N piles of stones,numbered from 1 to N. Pangu wanted to merge all of them into one pile to build a great mountain. If the sum of stones of some piles was S,Pangu would need S seconds to pile them into one pile,and there would be S stones in the new pile.

Unfortunately,every time Pangu could only merge successive piles into one pile. And the number of piles he merged shouldn't be less than L or greater than R.

Pangu wanted to finish this as soon as possible.

Can you help him? If there was no solution,you should answer '0'.

Input

There are multiple test cases.

The first line of each case contains three integers N,L,R as above mentioned ($2 \leqslant N \leqslant 100, 2 \leqslant L \leqslant R \leqslant N$).

The second line of each case contains N integers $a_1,a_2,\cdots,a_N$ ($1 \leqslant$

$a_i \leqslant 1\ 000, i = 1, \cdots, N$）, indicating the number of stones of pile 1, pile 2, ⋯, pile N.

The number of test cases is less than 110 and there are at most 5 test cases in which $N \geqslant 50$.

Output

For each test case, you should output the minimum time（in seconds）Pangu had to take. If it was impossible for Pangu to do his job, you should output 0.

Sample Input

```
3 2 2
1 2 3
3 2 3
1 2 3
4 3 3
1 2 3 4
```

Sample Output

```
9
6
0
```

题意：

在中国古代神话中，盘古是世间第一个人并且开天辟地，它从混沌中醒来并把混沌分为天地。

刚开始地上是没有山的，只有满地的石头。

这里有 N 堆石头，标号为从 1 到 N。盘古想要把它们合成一堆建造一座大山。如果某些堆石头的数量总和是 S，盘古需要 S 秒才能把它们合成一堆，这新的一堆石头的数量就是 S。

不幸的是,每一次盘古只能把连续的 L 到 R 堆石头合并成一堆。

盘古希望尽快把所有石头合成一堆。

你能帮帮他吗? 如果没有解,则输出 0。

思路:

可以把合并所有石头的过程拆分成几个子步骤,首先合并连续的一些,然后再合并连续的一些,大区间的结果可以由小区间推出,所以就从小区间开始考虑,逐步推向大区间,可以用 $dp[i][j][k]$ 表示区间 $[i,j]$ 分成 k 堆的最小代价,对于固定的一个区间,肯定是取所有情况的最小值,最后答案是 $dp[1][n][1]$,注意边界处理,包括刚开始的初始化。

通过代码:

```cpp
#include <cstdio>
#include <algorithm>
using namespace std;
int a[101];
int sum[101];
int dp[101][101][101];
int main()
{
    int N,L,R;
    while(scanf("%d%d%d",&N,&L,&R)!=EOF)
    {
        for(int i=1;i<=N;i++)
            scanf("%d",&a[i]);
        for(int i=1;i<=N;i++)
            sum[i]=sum[i-1]+a[i];
        for(int i=1;i<=N;i++)
            for(int j=1;j<=N;j++)
                for(int k=1;k<=N;k++)
                    dp[i][j][k]=1000000000; //初始化为不可达
        for(int i=1;i<=N;i++)
            for(int j=i;j<=N;j++)
                dp[i][j][j-i+1]=0; //初始状态
```

```
for(int len = 1;len<N;len ++)
    for(int i = 1;i + len< = N;i ++)
    {
        for(int j = i;j<i + len;j ++)
            for(int k = L - 1;k<R;k ++)
                dp[i][i + len][1] = min(dp[i][i + len][1],
                dp[i][j][k] + dp[j + 1][i + len][1] + sum[i
                + len] - sum[i-1]);
                //合并成一堆
        for(int j = 2;j< = len;j ++)
            for(int k = i;k<i + len;k ++)
                dp[i][i + len][j] = min(dp[i][i + len][j],
                dp[i][k][j - 1] + dp[k + 1][i + len][1]);
                //这段区间多于一堆的情况
    }
    if(dp[1][N][1] == 1000000000)
        printf("0\n");
    else printf("%d\n",dp[1][N][1]);
}
return 0;
}
```

题目总结：

处理区间时注意边界、初始化,动态规划讨论情况时一定不能漏情况。动态规划题代码一般不会很长,但是应注重思维和逻辑的严谨性,要能想到,想清楚,代码写起来就比较容易了。

3.3.2　2015 ACM - ICPC 亚洲区域赛北京站 K 题

K. A Math Problem

Time Limit：1 000 ms　　Memory Limit：262 144 kb

Stan is crazy about math. One day，he was confronted with an interesting integer function defined on positive integers，which satisfies $f(1) = 1$ and for every positive integer n，$3 \times f(n) \times f(2n+1) = f(2n) \times$

$[1+3f(n)]$, $f(2n)<6\times f(n)$.

He wanted to know, in the range of 1 to n, for a given k, what are $f(i) \bmod k$ like. For simplicity, you could just calculate the number of i which satisfies $f(i) \bmod k = t$ for every t in range of 0 to $k-1$ as $g(t)$, and tell Stan what is all $g(x)$ XOR up is.

Input

There are no more than 40 test cases.

The first line of the input contains an integer T which means the number of test cases.

Each test case contains two integer, n, k, just as mentioned earlier. Please note that $n\leqslant 10^{18}$, and k is a known Fermat prime--that is to say, k is among $\{3,5,17,257,65\,537\}$.

Output

For each test case, output the result of all $g(x)$ XOR up.

Sample Input

```
2
1 3
5 5
```

Sample Output

```
1
3
```

题意：

Stan 对数学很疯狂。一天,他构造出了一个有趣的定义在正整数上的整数函数,满足 $f(1)=1$,对任意正整数 n ,$3\times f(n)\times f(2n+1)=f(2n)\times[1+3f(n)]$, $f(2n)<6\times f(n)$。

他想知道在 1 到 n 范围内，对于给定的 k，$f(i)$ 对 k 取模得到的数会是什么样子。为了简化问题，你只需要计算 $f(i)$ 对 k 取模等于 t 的数量，t 为 0 到 $k-1$ 之间的数，称这个数量为 $g(t)$，你需要告诉 Stan 所有 $g(x)$ 的"异或"和。

思路：

可以发现，$f(i)$ 的三进制表示和 i 的二进制表示是一样的，可以得到 $f[2 \times n] = f[n] \times 3$，$f[2 \times n+1] = f[n] \times 3+1$，$f[n] = \text{digit}[x] \times 3^x +$ $\text{digit}[x-1] \times 3^{x-1} + \cdots + \text{digit}[0] \times 3^0$，digit 表示 n 的二进制每一位，可以从高位到低位考虑，考虑还有多少位、当前的余数、是否有限制（如果更高位小于 n 的对应位了，那么后边就不受 n 的数位限制），如果没有限制的话，可以记录结果降低搜索时间复杂度，这就是一种数位 dp，采用记忆化搜索的写法。

通过代码：

```
# include <cstdio>
long long dp[65][70001];
long long g[70001],pow3[65],digit[65];
int T;
long long n,k,len,ans;
void dfs(int p,int r,int limit)
{
    if(p<0) //到底了
    {
        g[r]++;
        return;
    }
    if(!limit&&dp[p][0]!=-1) //之前得到过结果不必再搜索,dp 表示
                             //没有限制时长度为 i 的情况下答案
                             //为 j 的数量
    {
        for(int i=0;i<k;i++)
            g[(r*pow3[p+1]%k+i)%k]+=dp[p][i];
```

```
        return;
    }
    int temp[70001];
    if(!limit) //暂时存下 g,为了求 dp
        for(int i = 0;i<k;i++)
            temp[i] = g[i];
    int maxdigit;
    if(limit)
        maxdigit = digit[p];
    else maxdigit = 1;
    for(int i = 0;i< = maxdigit;i++) //向下一步搜索
        dfs(p - 1,(r * 3 % k + i) % k,limit&&i == maxdigit);
    if(!limit) //dp 就是搜索前和搜索后的 g 的差值
        for(int i = 0;i<k;i++)
            dp[p][i] = g[i] - temp[i];
    return;
}
int main()
{
    scanf(" % d",&T);
    while(T--)
    {
        scanf(" % lld % lld",&n,&k);
        for(int i = 0;i<65;i++)
            for(int j = 0;j<k;j++)
                dp[i][j] = -1;
        for(int i = 0;i<k;i++)
            g[i] = 0;
        pow3[0] = 1;
        for(int i = 1;i<65;i++) //预处理 3 的幂
            pow3[i] = pow3[i-1] * 3 % k;
        len = 0;
        while(n>0) //求出 n 的二进制表示
        {
            digit[len++] = n % 2;
            n/ = 2;
        }
```

```
        dfs(len - 1,0,true);
        ans = 0;
        g[0] -- ; //减掉 f(0)的情况
        for(int i = 0;i<k;i + + )
            ans^ = g[i];
        printf(" % lld\n",ans);
    }
    return 0;
}
```

题目总结：

处理数位 dp 要注意限制的传递和记忆化的方法，这里也体现了动态规划除了递推以外的另一种写法就是记忆化搜索，在处理数位 dp 或树上 dp 时较为常用，因为数字和树都是有比较好的递归性质的，当然递推的 dp 也可以写成记忆化搜索的样子，只不过递推式写起来比较容易，并且常数会更小。

3.3.3　2013 ACM – ICPC 亚洲区域赛南京站 C 题

C. Campus Design

Time Limit：3 000 ms　　　Memory Limit：262 144 kb

Nanjing University of Science and Technology is celebrating its 60th anniversary. In order to make room for student activities，to make the university a more pleasant place for learning，and to beautify the campus，the college administrator decided to start construction on an open space.

The designers measured the open space and came to a conclusion that the open space is a rectangle with a length of n meters and a width of m meters. Then they split the open space into $n \times m$ squares.

To make it more beautiful，the designer decides to cover the open space with 1×1 bricks and 1×2 bricks，according to the following rules：

1. All the bricks can be placed horizontally or vertically.

2. The vertexes of the bricks should be placed on integer lattice points.

3. The number of 1×1 bricks shouldn't be less than C or more than D. The number of 1×2 bricks is unlimited.

4. Some squares have a flowerbed on it, so it should not be covered by any brick. (We use '0' to represent a square with flowerbed and '1' to represent other squares)

Now the designers want to know how many ways are there to cover the open space, meeting the above requirements.

Input

There are several test cases, please process till EOF.

Each test case starts with a line containing four integers N ($1 \leqslant N \leqslant 100$), M ($1 \leqslant M \leqslant 10$), C, D ($1 \leqslant C \leqslant D \leqslant 20$). Then following N lines, each being a string with the length of M. The string consists of '0' and '1' only, where '0' means the square should not be covered by any brick, and '1' otherwise.

Output

Please print one line per test case. Each line should contain an integers representing the answer to the problem $(\bmod(10^9 + 7))$.

Sample Input

1 1 0 0

1

1 1 1 2

0

1 1 1 2

1

1 2 1 2

11

1 2 0 2

01

1 2 0 2

11

2 2 0 0

10

10

2 2 0 0

01

10

2 2 0 0

11

11

4 5 3 5

11111

11011

10101

11111

Sample Output

0

0

1

1

1

2

1

0

2

954

题意:

南京工业大学准备举行 60 周年校庆。为了给同学们更多空间开展活动,让学校成为一个更舒适的适合学习的地方,也为了让校园更美丽,学校领导决定建一个开放区。

设计者测量了开放区的大小并得出:这个开放区是一个长 n 米、宽 m 米的矩形。接着,他把这个区域划分成了 $n \times m$ 个方格。为了让它更美丽,设计者决定用 1×1 和 1×2 的砖,并且符合下面的规则:

1. 所有的砖可以竖着放或横着放。

2. 砖角要放在格点上。

3. 1×1 的砖不能少于 C 块也不能多于 D 块,1×2 的砖没有数量限制。

4. 有些方格有花圃,这里不能被任何砖覆盖。(在输入里用 0 表示这样的方格,用 1 表示普通方格)

现在设计者想知道有多少种符合上述规则并把砖铺满开放区的方法。

思路:

轮廓线动态规划,首先将状态压缩,1 表示这个格子现在被覆盖了,0 表示没有被覆盖,这样可以把当前考虑的轮廓线上的 m 列的情况压缩成一个整数,然后按照这一回放什么砖、怎么放进行转移。

通过代码:

```
#include <cstdio>
```

```
# include <cstring>
int dp[2][1 << 10][21];
char mp[101][11];
# define mod 1000000007
int main()
{
    int N,M,C,D,ans,now;
    while(scanf("%d%d%d%d",&N,&M,&C,&D)!= EOF)
    {
        for(int i = 0;i<N;i++)
            scanf("%s",mp[i+1]);
        memset(dp,0,sizeof(dp));
        dp[0][(1 << M)-1][0] = 1; //初始化认为第 0 行(上边界的上
                                  //一行)全放满且用了 0 块 1×1 的
                                  //方案数有 1 种

        now = 0;
        for(int i = 1;i< = N;i++)
            for(int j = 0;j<M;j++)
            {
                now^=1; //滚动数组切换到这回要用的位置
                memset(dp[now],0,sizeof(dp[now]));
                if(mp[i][j] == '1')
                {
                    for(int k = 0;k< = D;k++)
                    {
                        for(int l = 0;l<(1 << M);l++)
                        {
                            if(k&&(l&(1 << j)))
                                dp[now][l][k] = (dp[now][l][k] +
                                dp[now^1][l][k-1]) % mod;
                            //放一块 1×1 的砖
                            if(j&&(l&(1 << j))&&(!(l&(1 << (j-
                            1)))))
                                dp[now][l|(1 << (j-1))][k] = (dp
                                [now][l|(1 << (j-1))][k] + dp
                                [now^1][l][k]) % mod;
```

```
                                  //横着放一块 1×2 的砖
                        dp[now][l^(1 << j)][k] = (dp[now][l^
                        (1 << j)][k] + dp[now^1][l][k]) % mod;
                        //竖着放一块 1×2 的砖
                    }
                }
            }
            else
            {
                for(int k = 0;k <= D;k ++)
                    for(int l = 0;l < (1 << M);l ++)
                        if(l&(1 << j))
                            dp[now][l][k] = (dp[now][l][k] +
                            dp[now^1][l][k]) % mod;
                            //不能放砖,相当于放一块 1×1 的
                            //但是不统计数量
                }
            }
        ans = 0;
        for(int i = C;i <= D;i ++)
            ans = (ans + dp[now][(1 << M) - 1][i]) % mod
                                        //把合法的情况都加起来
        printf(" % d\n",ans);
    }
    return 0;
}
```

题目总结:

这里介绍了一种新的动态规划方法,把情况压缩成整数,这叫做状态压缩。按照一格一格的顺序,维护已经计算好的区域的轮廓线上的状态并进行转移,叫做轮廓线动态规划。动态规划题十分灵活有趣,多种多样,还有许多有趣的题目这里没有介绍,欢迎读者去尝试更多有意思的题目。

3.4 数据结构

对于有些问题，如果暴力求解时间复杂度会偏高，此时可以根据问题里的限定，如区间等使用相应的数据结构维护相应的值，来达到优化时间复杂度的目的，这一节将会运用到几个常用的数据结构。

3.4.1 2015 ACM - ICPC 亚洲区域赛长春站 J 题

J. Chip Factory

Time Limit：9 000 ms   Memory Limit：262 144 kb

John is a manager of a CPU chip factory，the factory produces lots of chips everyday. To manage large amounts of products，every processor has a serial number. More specifically，the factory produces n chips today，the i-th chip produced this day has a serial number s_i.

At the end of the day，he packages all the chips produced this day，and send it to wholesalers. More specially，he writes a checksum number on the package，this checksum is defined as below：

$$\max_{i,j,k}(s_i+s_j)\oplus s_k$$

which i,j,k are threedifferent integers between 1 and n. And $\oplus$ is symbol of bitwise XOR.

Can you help John calculate the checksum number of today?

Input

The first line of input contains an integer T indicatingthe total number of test cases.

The first line of each test case is an integer n，indicating the number of chips produced today. The next line has n integers $s_1,s_2,\cdots,s_n$，separated with single space，indicating serial number of each chip.

$1 \leqslant T \leqslant 1000$

$3 \leqslant n \leqslant 1000$

$0 \leqslant s_i \leqslant 10^9$

There are at most 10 testcases with $n > 100$.

Output

For each test case，please output an integer indicating the checksum number in a line.

Sample Input

2

3

1 2 3

3

100 200 300

Sample Output

6

400

题意：

约翰是一个 CPU 芯片工厂的经理，这个工厂每天生产很多芯片。为了管理如此大量的产品，每个处理器都会有一个序列号。工厂今天生产了 n 个芯片，第 i 个芯片的序列号为 s_i。

在一天的工作结束时，约翰会把当天所有的芯片打包交给批发商，他还会在包裹上写下一个校验码，校验码是这么定义的：

$$\max_{i,j,k}(s_i + s_j) \oplus s_k$$

其中 i,j,k 是 1 到 n 中三个不同的数，$\oplus$ 是"异或"的符号。

你能帮约翰算算今天的校验码吗？

思路：

从时间复杂度计算的结果看，暴力枚举很容易超时，那么想办法优化，可以考虑如何不用枚举 k 就能找到与 s_i+s_j "异或"最大的 s_k，可以利用字典树，字典树是从字符串引申出来的一种数据结构。考虑一个由小写字母组成的字符串，建立一棵树，每个节点有 26 个子节点，从字典树的根出发沿着路就可以构建出一个字符串，每个节点维护了字符串的一个前缀。推广到存储数字，这里使用的是"异或"，与二进制有关，可以建立 01 字典树，每个节点有 2 个子节点，父节点比子节点在二进制上高一位，把一个数表示成二进制就可以像字符串一样插入字典树了。当寻找与 s_i+s_j "异或"最大的 s_k 时，只需要把 s_i+s_j 表示成二进制，在字典树上从根出发，尽量走与 s_i+s_j 对应位相反的节点，因为两个数二进制对应位不同，这一位"异或"的结果是 1，没有相反的节点就只能走相同的节点，走到叶节点就找到了要求的 s_k，也找到了此时的最大解。经过这样的优化，现在我们只需要枚举 i 和 j，再利用字典树就可以得到最后的结果了。不过需要注意，这里需要 i,j,k 不同，所以需要写删除操作，每一次先删除 s_i 和 s_j，算完以后再插回去，为了完成删除操作就需要加一个数组表示每个节点的经过次数，插入时加 1，删除时减 1，如果某个节点的经过次数是 0，也没法走这个节点。

通过代码：

```
# include <cstdio>
# include <algorithm>
using namespace std;
int s[1001];
int ed;
int nxt[31001][2];
int cnt[31001];
void ins(int x) //插入
{
    int now = 0,t;
```

```
        cnt[now]++;
        for(int i = 30;i > = 0;i--) //从二进制高位到低位考虑
        {
            if(x&(1 << i))
                t = 1;
            else t = 0;
            if(!nxt[now][t])
            {
                nxt[now][t] = ++ ed;
                nxt[ed][0] = 0;
                nxt[ed][1] = 0;
                cnt[ed] = 0;
            }
            now = nxt[now][t];
            cnt[now]++;
        }
        return;
}
void del(int x) //删除
{
        int now = 0,t;
        cnt[now]--;
        for(int i = 30;i > = 0;i--)
        {
            if(x&(1 << i))
                t = 1;
            else t = 0;
            now = nxt[now][t];
            cnt[now]--;
        }
        return;
}
int query(int x) //询问
{
        int now = 0,t,ret = 0;
        for(int i = 30;i > = 0;i--)
        {
```

```
        if(x&(1 << i))
            t = 1;
        else t = 0;
        if(nxt[now][t^1]&&cnt[nxt[now][t^1]]) //看相反的节点能不
                                              //能走
        {
            ret| = (1 << i); //这一位"异或"结果为1
            now = nxt[now][t^1];
        }
        else now = nxt[now][t];
    }
    return ret;
}
int main()
{
    int T,n,ans;
    scanf(" % d",&T);
    while(T -- )
    {
        scanf(" % d",&n);
        for(int i = 0;i<n;i ++ )
            scanf(" % d",&s[i]);
        ed = 0;
        nxt[ed][0] = 0;
        nxt[ed][1] = 0;
        cnt[ed] = 0;
        for(int i = 0;i<n;i ++ ) //构建字典树
            ins(s[i]);
        ans = 0;
        for(int i = 0;i<n;i ++ )
            for(int j = i + 1;j<n;j ++ )
            {
                del(s[i]); //先删除,避免 i,j,k 中出现相同的
                del(s[j]);
                ans = max(ans,query(s[i] + s[j]));
                ins(s[i]); //再插入,恢复字典树
                ins(s[j]);
```

```
        }
        printf(" % d\n",ans);
    }
    return 0;
}
```

题目总结：

这道题在赛场上用暴力求解法可过,不过由于数据量没有达到极限,写时间复杂度正确的方法就是先考虑正解,如果场上很多队通过,则再考虑用暴力求解法冲一下。这里就是介绍字典树的应用,它可以高效地解决一些求位运算最值的问题。

3.4.2　2014 ACM – ICPC 亚洲区域赛上海站 D 题

D. Chip Factory

Time Limit：3 000 ms　　Memory Limit：262 144 kb

In an infinite chess board, some pawns are placed on some cells. You have a rectangular bomb that is W width and H height. The bomb's orientation is fixed, you can't rotate it. The bomb can only be placed on an entirely unoccupied area. The bomb explodes both horizontally and vertically, killing all pawns that are in the cross shape (see picture on the right).

Your mission is to choose the placement of the bomb, and maximize the number of bombed pawns.

The picture corresponds to the first test case in the sample (举例如图 3 - 6 所示).

Input

The first line of the input gives the number of test cases, T. T test cases follow. Each test case starts with a line containing N, W, H,

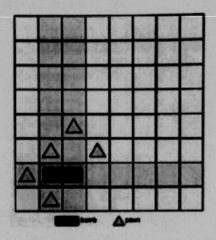

图 3-6 举 例

indicating number of pawns，width of the bomb，height of the bomb，respectively.

N lines follow. Each line contains 2 integers：x，y，indicating there is a pawn on cell $(x，y)$. No two pawns are in the same cell.

Output

For each test case，output one line containing "Case # x：y"，where x is the test case number（stating from 1）and y is the maximum number of bombed pawns.

Limits：

$1 \leqslant T \leqslant 10$，

$1 \leqslant N \leqslant 10^5$，

$0 \leqslant W，H，x，y \leqslant 10^7$

Sample Input

2

5 2 1

0 1

1 0

1 2

2 3

3 2

7 1 1

1 1

2 2

3 3

4 4

4 1

5 1

2 4

Sample Output

Case ♯1:4

Case ♯2:5

题意:

在一个无限的棋盘上,一些小兵被放在一些格子里。你有一个矩形的炸弹,宽度为 W,高度为 H,炸弹的方向是固定的,不能旋转。炸弹只能放在完全空的地方。炸弹爆炸会波及它所在的所有行和列,杀死在这些行和列的小兵。

你的任务是选择一个位置放置炸弹杀死最多的小兵。

图 3-6 所示为第一个样例的情况。

思路:

最暴力的想法是考虑把炸弹放在哪里,然后依次统计,但是时间复杂度和空间复杂度都不允许。我们发现,对于某一个小兵,想炸死它,炸弹会放在一个区域内,在这个区域内效果是一样的,那么就可以进行离散化,只考虑小兵的横坐标 x 和 $x-W+1$,小兵的纵坐标 y 和 $y-H+1$,所组成的几个坐标点。这些位置是杀死一个小兵的边界位置,而把所有这样的横坐标和纵坐标记录下来,排好序,在相邻两个坐标中间这一段的点上放炸弹的情况一定是一样的。接下来考虑怎样统计答案。可以用线段树维护在 x 的某段区间内可以杀死小兵的最大值,对 y 坐标进行扫描,如果遇到某个区间出现了小兵,就把对应的一段 x 区间删除,线段树删除节点不好做就可以把对应的区间减一个很大的值使得它不会影响结果,当一个小兵的影响消失了以后,要把这个很大的值加回来。每一次求得整体的最大值,也就是线段树根维护的值,如果这个值小于 0,就是没有任何区间可用,就忽略;对 y 坐标进行扫描得到所有时刻的结果加上这个 y 区间就是可以杀掉的小兵数的最大值,如果任何时刻都没有区间可用,就只能把炸弹放在最右边或最上边这样的位置,那么答案就会是在所有 y 区间可以杀掉的小兵的最大值与所有 x 区间可以杀掉的小兵的最大值中取最大。这样所有情况就都讨论完了。

通过代码:

```
# include <cstdio>
# include <algorithm>
# include <vector>
# define inf 200000
using namespace std;
int px[100005],py[100005],x[200005],y[200005],cntx[200005],cnty
[200005];
vector<int> sub[200005],add[200005];
long long tree[800005],lazy[800005];
void build(int p,int l,int r)
{
    lazy[p] = 0;
    if(l == r)
    {
        tree[p] = cntx[l];
```

```
        return;
    }
    build(p << 1,l,(l + r)/2);
    build(p << 1|1,(l + r)/2 + 1,r);
    tree[p] = max(tree[p << 1],tree[p << 1|1]);
    return;
}
void down(int p)
{
    if(lazy[p])
    {
        tree[p << 1] += lazy[p];
        tree[p << 1|1] += lazy[p];
        lazy[p << 1] += lazy[p];
        lazy[p << 1|1] += lazy[p];
        lazy[p] = 0;
    }
    return;
}
void update(int p,int l,int r,int ql,int qr,int d)
{
    if(l == ql&&r == qr)
    {
        tree[p] += d;
        lazy[p] += d;
        return;
    }
    down(p);
    int mid = (l + r)/2;
    if(qr <= mid)
        update(p << 1,l,mid,ql,qr,d);
    else if(ql>mid)
        update(p << 1|1,mid + 1,r,ql,qr,d);
    else
    {
        update(p << 1,l,mid,ql,mid,d);
        update(p << 1|1,mid + 1,r,mid + 1,qr,d);
```

```
        }
        tree[p] = max(tree[p << 1],tree[p << 1|1]);
        return;
}

int main()
{
    int T,N,W,H,totx,toty,x1,x2,y1,y2;
    long long ans;
    scanf("%d",&T);
    for(int kase = 1;kase< = T;kase + + )
    {
        scanf("%d%d%d",&N,&W,&H);
        for(int i = 0;i<N;i + + )
        {
            scanf("%d%d",&px[i],&py[i]);
            x[2 * i] = px[i] - W + 1;
            x[2 * i + 1] = px[i];
            y[2 * i] = py[i] - H + 1;
            y[2 * i + 1] = py[i];
        }
        sort(x,x + 2 * N);
        sort(y,y + 2 * N);
        totx = unique(x,x + 2 * N) - x;  //离散化 x
        toty = unique(y,y + 2 * N) - y;  //离散化 y
        for(int i = 0;i<N;i + + )
        {
            x1 = lower_bound(x,x + totx,px[i] - W + 1) - x + 1;
            x2 = lower_bound(x,x + totx,px[i]) - x + 1;
            y1 = lower_bound(y,y + toty,py[i] - H + 1) - y + 1;
            y2 = lower_bound(y,y + toty,py[i]) - y + 1;
            cntx[x1] + + ;
            cntx[x2 + 1] - - ;
            cnty[y1] + + ;
            cnty[y2 + 1] - - ;  //差分的思想,区间加 1
            sub[y1].push_back(i);  //记录遇到小兵,相应区间暂不可
                                   //放置炸弹
            add[y2].push_back(i);  //解除相应区间限制
```

```
}
ans = 0;
for(int i = 1;i< = totx;i + + )
{
    cntx[i] + = cntx[i - 1];
    ans = max(ans,(long long)cntx[i]);
                            //统计 x 区间杀死小兵的最大值
}
for(int i = 1;i< = toty;i + + )
{
    cnty[i] + = cnty[i - 1];
    ans = max(ans,(long long)cnty[i]);
                    //用 y 区间杀死小兵的最大值对答案进行更新
}
build(1,1,totx); //按 cntx 的值建树
for(int i = 1;i< = toty;i + + )
{
    for(int j = 0;j<sub[i].size();j + + )
    {
        x1 = lower_bound(x,x + totx,px[sub[i][j]] - W + 1) - x
            + 1;
        x2 = lower_bound(x,x + totx,px[sub[i][j]]) - x + 1;
        update(1,1,totx,x1,x2, - inf);
                            //将相应区间减 inf 标记为不可用
    }
    ans = max(ans,tree[1] + cnty[i]);
                            //求此时最优解并更新答案
    for(int j = 0;j<add[i].size();j + + )
    {
        x1 = lower_bound(x,x + totx,px[add[i][j]] - W + 1) - x
            + 1;
        x2 = lower_bound(x,x + totx,px[add[i][j]]) - x + 1;
        update(1,1,totx,x1,x2,inf); //解除相应区间的限制
    }
}
printf("Case # % d: % lld\n",kase,ans);
for(int i = 0;i< = totx + 1;i + + )
```

```
                    cntx[i] = 0;
            for(int i = 0;i< = toty + 1;i + + )
                    cnty[i] = 0;
            for(int i = 0;i< = toty;i + + )
                    sub[i].clear();
            for(int i = 0;i< = toty;i + + )
                    add[i].clear(); //清空数组,避免影响下组数据
        }
        return 0;
    }
```

题目总结：

这道题是线段树离散化扫描线的典型题目,重点在于离散化的点要会选,线段树区间修改不要写错,多组数据注意清空数组,还有一些边界特殊情况的处理,线段树也是处理区间问题的利器,是很常见的知识点。

3.4.3 2013 ACM - ICPC 亚洲区域赛杭州站 H 题

H. Rabbit Kingdom

Time Limit：3 000 ms　　Memory Limit：32 768 kb

Long long ago, there was an ancient rabbit kingdom in the forest. Every rabbit in this kingdom was not cute but totally pugnacious, so the kingdom was in chaos in season and out of season.

n rabbits were numbered form 1 to n. All rabbits' weight is an integer. For some unknown reason, two rabbits would fight each other if and only if their weight is NOT co-prime.

Now the king had arranged the n rabbits in a line ordered by their numbers. The king planned to send some rabbits into prison. He wanted to know that, if he sent all rabbits between the i-th one and the j-th one (including the i-th one and the j-th one) into prison, how many rabbits in the prison would not fight with others.

108

Please note that a rabbit would not fight with himself.

Input

The input consists of several test cases.

The first line of each test case contains two integer n, m, indicating the number of rabbits and the queries.

The following line contains n integers, and the i-th integer W_i indicates theweight of the i-th rabbit.

Then m lines follow. Each line represents a query. It contains two integers L and R, meaning the king wanted to ask about the situation that if he sent all rabbits from the L-th one to the R-th one into prison.

$(1 \leqslant n, m, W_i \leqslant 200\,000, 1 \leqslant L \leqslant R \leqslant n)$

The input ends with $n = 0$ and $m = 0$.

Output

For every query, output one line indicating the answer.

Sample Input

```
3 2
2 1 4
1 2
1 3
6 4
3 6 1 2 5 3
1 3
4 6
4 4
2 6
0 0
```

Sample Output

```
2
1
1
3
1
2
```

Hint

In the second case，the answer of the 4-th query is 2，because only 1 and 5 is co-prime with other numbers in the interval [2,6].

题意：

很久很久以前，森林里有一个古代兔子王国。这个王国里的兔子并不可爱而且特别好斗，所以王国一直都很混乱。

n 只兔子编号为 1 到 n，每只兔子的质量都是一个整数。不知道为什么，两只兔子会打架，当且仅当它们的质量不互质。

现在国王把这 n 只兔子按编号顺序排成了一排，他准备把一些兔子送入监狱。国王想知道如果他把第 i 只兔子和第 j 只兔子之间的所有兔子（包括第 i 只和第 j 只）送入监狱，监狱中的兔子有多少只不会与别的兔子打架。

思路：

首先可以对每个数分解质因数，预处理出它左边与它不互质的第一个数，以及它右边与它不互质的第一个数，这两个数称为这个点的左右边界。因为询问很多，可以离线处理，对询问按右端点递增的顺序排序，用一个树状数组维护每个位置对打架的兔子数的贡献。遇到一个询问，先把不超过这个询问右端点位置的数的贡献加入树状数组，在刚遇到一个数时，它会有贡献当且仅当它的左边界在询问的区间内，所以可以把它的贡献算在它的左边界上,对左边界位置贡献加 1。如果遇到了一个数的右边界,而之后所有询问的右边界都会比这个位置靠右,所以只要这个数本身出现在询问区间里就会有贡献,因此把之前算在左边界上的贡献转移到这个点本身的位置上,就对左边界位置贡献减 1,本身位置贡献加 1。这样算出询问区间的贡献和,用询问区间的长度减去它就可以得到这次询问的答案了。

通过代码:

```cpp
#include <cstdio>
#include <algorithm>
#include <vector>
using namespace std;
int W[200005],pos[200005],L[200005],R[200005],ans[200005],BIT[200005];
int n,m,t,p;
vector<int> v[200005];
typedef struct query
{
    int l;
    int r;
    int id;
}query;
bool cmp(query a,query b) //按询问右端点升序排序的比较函数
{
    return a.r<b.r;
}
query q[200005];
int lowbit(int x) //树状数组相关函数
{
    return x&(-x);
}
void update(int x,int d)
{
    while(x<=n)
```

```
        {
            BIT[x] += d;
            x += lowbit(x);
        }
        return;
    }
    int sum(int x)
    {
        int ret = 0;
        while(x)
        {
            ret += BIT[x];
            x -= lowbit(x);
        }
        return ret;
    }
    int main()
    {
        while(scanf(" % d % d",&n,&m) != EOF&&n&&m)
        {
            for(int i = 1;i< = n;i ++ )
                scanf(" % d",&W[i]);
            for(int i = 1;i< = 200000;i ++ ) //预处理左边界
                pos[i] = 0;
            for(int i = 1;i< = n;i ++ )
            {
                L[i] = 0;
                t = W[i];
                for(int j = 2;j * j< = t;j ++ )
                    if(t % j == 0)
                    {
                        L[i] = max(L[i],pos[j]);
                        pos[j] = i;
                        while(t % j == 0)
                            t/ = j;
                    }
                if(t>1)
```

```
        {
            L[i] = max(L[i],pos[t]);
            pos[t] = i;
        }
    }
    for(int i = 1;i< = 200000;i ++ )  //预处理右边界
        pos[i] = n + 1;
    for(int i = n;i> = 1;i -- )
    {
        R[i] = n + 1;
        t = W[i];
        for(int j = 2;j * j< = t;j ++ )
            if(t % j == 0)
            {
                R[i] = min(R[i],pos[j]);
                pos[j] = i;
                while(t % j == 0)
                    t/ = j;
            }
        if(t>1)
        {
            R[i] = min(R[i],pos[t]);
            pos[t] = i;
        }
    }
    for(int i = 1;i< = n + 1;i ++ )
        v[i].clear();
    for(int i = 1;i< = n;i ++ )  //记录每个位置是哪些数的右边界
        v[R[i]].push_back(i);
    for(int i = 0;i<m;i ++ )
    {
        scanf(" % d % d",&q[i].l,&q[i].r);
        q[i].id = i;
    }
    sort(q,q + m,cmp);  //对询问排序
    p = 1;
    for(int i = 1;i< = n;i ++ )
```

113

```
                BIT[i] = 0;
        for(int i = 0;i<m;i ++ )
        {
                while(p< = n&&p< = q[i].r) //插入的过程,在对应位置
                                           //更新贡献
                {
                        if(L[p]) //一定要特别注意 0,树状数组不能出现 0
                                //下标,lowbit 会出问题
                        update(L[p],1);
                        for(int j = 0;j<v[p].size();j ++ )
                        {
                                if(L[v[p][j]])
                                        update(L[v[p][j]], - 1);
                                update(v[p][j],1);
                        }
                        p ++ ;
                }
                ans[q[i].id] = q[i].r - q[i].l + 1 - (sum(q[i].r) - sum(q
                [i].l - 1)); //得到这个询问的答案
        }
        for(int i = 0;i<m;i ++ )
                printf(" % d\n",ans[i]);
    }
    return 0;
}
```

题目总结:

当询问量很大而对每个询问直接处理没有什么好方法时,可以考虑离线处理,将询问按某些规则排序,一次遍历处理完所有的询问,可以大大提高程序运行效率。树状数组也是处理区间问题的常见数据结构,多用于单点修改区间查询,比如查询和。时间复杂度和线段树一样,但是常数要小,而且写起来方便一些,不过线段树可以做得更多。实际选择哪一种要看题目,选更适合的。

3.5　图　论

有时候我们面对的问题不只是一些数字，可能会是由点和边组成的图。图论内容很多，最短路相关问题、生成树相关问题、匹配与网络流、有向无环图的拓扑结构、连通性、强连通分量等，甚至还可以出一些构造题，给一些条件构造出一个合适的图等，这里只选取部分内容进行展示。

3.5.1　2015 ACM－ICPC 亚洲区域赛沈阳站 M 题

M. Meeting

Time Limit：6 000 ms　　　Memory Limit：262 144 kb

Bessie and her friend Elsie decide to have a meeting. However，after Farmer John decorated his fences they were separated into different blocks. John's farm are divided into n blocks labelled from 1 to n.

Bessie lives in the first block while Elsie lives in the n-th one. They have a map of the farm which shows that it takes they t_i minutes to travel from a block in E_i to another block in E_i where $E_i (1 \leqslant i \leqslant m)$ is a set of blocks. They want to know how soon they can meet each other and which block should be chosen to have the meeting.

Input

The first line contains an integer T $(1 \leqslant T \leqslant 6)$, the number of test cases. Then T test cases follow.

The first line of input contains n and m. $2 \leqslant n \leqslant 10^5$. The following m lines describe the sets $E_i (1 \leqslant i \leqslant m)$. Each line will contain two integers $t_i (1 \leqslant t_i \leqslant 10^9)$ and $S_i (S_i > 0)$ firstly. Then S_i integer follows which are the labels of blocks in E_i. It is guaranteed that $\sum_{i=1}^{m} S_i \leqslant 10^6$.

Output

For each test case，if they cannot have the meeting，then output "Evil John" (without quotes) in one line.

Otherwise，output two lines. The first line contains an integer，the time it takes for they to meet.

The second line contains the numbers of blocks where they meet. If there are multiple optional blocks，output all of them in ascending order.

Sample Input

```
2
5 4
1 3 1 2 3
2 2 3 4
10 2 1 5
3 3 3 4 5
3 1
1 2 1 2
```

Sample Output

```
Case ♯1：3
3 4
Case ♯2：Evil John
```

Hint

In the first case，it will take Bessie 1 minute travelling to the 3rd block，and it will take Elsie 3 minutes travelling to the 3rd block. It will take Bessie 3 minutes travelling to the 4th block，and it will take Elsie 3 minutes travelling to the 4th block. In the second case，it is impossible for them to meet.

题意：

Bessie 和她的朋友 Elsie 决定见一面。但是农场主约翰修建了篱笆之后她们被分在了不同的区块中。约翰的农场被分成编号为 1 到 n 的 n 块。Bessie 在 1 号块，Elsie 在 n 号块。她们在这个农场的地图上发现，她们可以用 t_i 分钟从一个块到另一个块，只要这两个块同属于集合 E_i。她们想要知道最少需要多长时间两个人可以相遇，她们应该选择在哪个区块相遇。

思路：

考虑普通的建图方法发现，对每两个在同一集合的点连边，边太多了，但可以考虑把每个集合作为一个新点，表示这个集合的点向集合里每个点连一条权值为 t_i 的有向边，集合里的每个点再向表示这个集合的点连一条权值为 0 的有向边，这样就把集合中每两个点之间的边连好了，接下来只需要从 1 号点和 n 号点开始各跑一遍最短路，枚举相遇的点求答案就好了。

通过代码：

```
# include <cstdio>
# include <vector>
# include <queue>
# include <algorithm>
# define inf 1000000000000000000LL
using namespace std;
vector<pair<int,int> > mp[1100005];
long long d1[1100005],dn[1100005];
priority_queue<pair<long long,int>,vector<pair<longlong,int>
>,greater<pair<long long,int> > > pq;
void dijkstra(int s,int N,long long* d)
{
    int now;
    for(int i=1;i<=N;i++)
        d[i]=inf;
```

```cpp
    d[s] = 0;
    pq.push(make_pair(0,s));
    while(!pq.empty())
    {
        now = pq.top().second;
        pq.pop();
        for(int i = 0;i<mp[now].size();i++)
            if(d[mp[now][i].first]>d[now] + mp[now][i].second)
            {
                d[mp[now][i].first] = d[now] + mp[now][i].second;
                pq.push(make_pair(d[mp[now][i].first],mp[now][i].
                first));
            }
    }
    return;
}
int main()
{
    int T,n,m,t,S,x;
    long long ans;
    bool first;
    scanf("%d",&T);
    for(int kase = 1;kase< = T;kase++)
    {
        scanf("%d%d",&n,&m);
        for(int i = 1;i< = m;i++)
        {
            scanf("%d%d",&t,&S);
            for(int j = 0;j<S;j++)
            {
                scanf("%d",&x);
                mp[n + i].push_back(make_pair(x,t)); //连边
                mp[x].push_back(make_pair(n + i,0));
            }
        }
        dijkstra(1,n + m,d1); //两遍 dijkstra
        dijkstra(n,n + m,dn);
```

```
ans = inf;
for(int i = 1;i<= n;i ++ ) //求最小值
    ans = min(ans,max(d1[i],dn[i]));
printf("Case # %d: ",kase);
if(ans == inf)
    printf("Evil John\n");
else
{
    printf(" %lld\n",ans);
    first = true;
    for(int i = 1;i<= n;i ++ ) //找到所有可行点
        if(max(d1[i],dn[i]) == ans)
            if(first)
            {
                printf(" %d",i);
                first = false;
            }
            else printf(" %d",i);
    printf("\n");
}
for(int i = 1;i<= n + m;i ++ )
    mp[i].clear();
}
return 0;
}
```

题目总结：

在图论问题中直接连边可能是不行的，需要新建点或者拆点等，建图是很关键的一步，有时建出来就会做了。

3.5.2 2013 ACM – ICPC 亚洲区域赛长沙站 G 题

M. Graph Reconstruction

Time Limit：2 000 ms   Memory Limit：65 536 kb

Let there be a simple graph with N vertices but we just know the degree of each vertex. Is it possible to reconstruct the graph only by these information?

A simple graph is an undirected graph that has no loops (edges connected at both ends to the same vertex) and no more than one edge between any two different vertices. The degree of a vertex is the number of edges that connect to it.

Input

There are multiple cases. Each case contains two lines. The first line contains one integer N ($2 \leqslant N \leqslant 100$), the number of vertices in the graph. The second line conrains N integers in which the i-th item is the degree of i-th vertex and each degree is between 0 and $N-1$(inclusive).

Output

If the graph can be uniquely determined by the vertex degree information, output "UNIQUE" in the first line. Then output the graph.

If there are two or more different graphs can induce the same degree for all vertices, output "MULTIPLE" in the first line. Then output two different graphs in the following lines to proof.

If the vertex degree sequence cannot deduced any graph, just output "IMPOSSIBLE".

The output format of graph is as follows:

$N\ E$

$u_1\ u_2 \ldots u_E$

$v_1\ v_2 \ldots v_E$

Where N is the number of vertices and E is the number of edges, and $\{u_i, v_i\}$ is the i-th edge the the graph. The order of edges and the order of vertices in the edge representation is not important since we would use special judge to verify your answer. The number of each vertex is labeled from 1 to N. See sample output for more detail.

Sample Input

```
1
0
6
5 5 5 4 4 3
6
5 4 4 4 4 3
6
3 4 3 1 2 0
```

Sample Output

```
UNIQUE
1 0
UNIQUE
6 13
3 3 3 3 3 2 2 2 2 1 1 1 5
2 1 5 4 6 1 5 4 6 5 4 6 4
MULTIPLE
6 12
1 1 1 1 1 5 5 5 6 6 2 2
5 4 3 2 6 4 3 2 4 3 4 3
6 12
1 1 1 1 1 5 5 5 6 6 3 3
5 4 3 2 6 4 3 2 4 2 4 2
IMPOSSIBLE
```

题意：

一个有 N 个点的无向简单图，我们只知道每个点的度数，可以确定出这个图吗？

思路：

有一个无向图构图的 Havel‐Hakimi 定理，把所有点度数从大到小排序，每次考虑一个点 i，向之后的点连边直到满足了这个度数，然后对之后的点再按度数从大到小排序再连边，如果某个点度数连不完或者某个点度数剩下负数了，就是不可构出符合要求的图。判断图是否唯一，可以考虑对于两个点 i 和 j，是否同时存在 i 连了但 j 没连的点和 j 连了但 i 没连的点(不包括 i,j 本身)，如果存在，那么把 i 和 j 对于这两个点的连边换一下就是另一幅图了，就是不唯一的，找不到这样的点对，图就是唯一的。

通过代码：

```
#include <cstdio>
#include <algorithm>
using namespace std;
pair<int,int> d[101];
bool mp[101][101];
int N,u1,v1,u2,v2,sum;
int ansu[10001],ansv[10001],ed;
bool judge()  //判断是否可以构图
{
    for(int i=0;i<N;i++)
    {
        sort(d+i,d+N);
        reverse(d+i,d+N);
        if(d[i].first>N-1-i)
            return false;
        for(int j=1;j<=d[i].first;j++)
        {
            mp[d[i].second][d[i+j].second]=true;
```

```
                mp[d[i + j].second][d[i].second] = true;
                d[i + j].first -- ;
                if(d[i + j].first<0)
                        return false;
            }
        }
        return true;
}
bool multi()  //判断是否有多解
{
    for(int i = 1;i< = N;i ++ )
        for(int j = i + 1;j< = N;j ++ )
        {
                u1 = 0;
                v1 = 0;
                u2 = 0;
                v2 = 0;
                for(int k = 1;k< = N;k ++ )
                    if(k == i||k == j)
                        continue;
                    else if(mp[i][k]&&!mp[j][k]&&!u1)
                    {
                        u1 = i;
                        v1 = k;
                    }
                    else if(mp[j][k]&&!mp[i][k]&&!u2)
                    {
                        u2 = j;
                        v2 = k;
                    }
                if(u1&&u2)
                        return true;
        }
        return false;
}
int main()
{
```

```
while(scanf(" % d",&N)!= EOF)
{
    sum = 0;
    for(int i = 0;i<N;i++)
    {
        scanf(" % d",&d[i].first);
        d[i].second = i + 1;
        sum += d[i].first;
    }
    if(!judge())
        printf("IMPOSSIBLE\n");
    else if(!multi())
    {
        printf("UNIQUE\n");
        printf(" % d  % d\n",N,sum/2);
        ed = 0;
        for(int i = 1;i< = N;i++)
            for(int j = i + 1;j< = N;j++)
                if(mp[i][j])
                {
                    ansu[ed] = i;
                    ansv[ed] = j;
                    ed++;
                }
        for(int i = 0;i<ed;i++)
            if(i!= ed - 1)
                printf(" % d ",ansu[i]);
            else printf(" % d",ansu[i]);
        printf("\n");
        for(int i = 0;i<ed;i++)
            if(i!= ed - 1)
                printf(" % d ",ansv[i]);
            else printf(" % d",ansv[i]);
        printf("\n");
    }
    else
    {
```

```
printf("MULTIPLE\n");
printf(" % d  % d\n",N,sum/2);
ed = 0;
for( int i = 1;i< = N;i + + )
    for( int j = i + 1;j< = N;j + + )
        if(mp[ i][ j])
        {
            ansu[ ed] = i;
            ansv[ ed] = j;
            ed + + ;
        }
for( int i = 0;i<ed;i + + )
    if( i!= ed - 1)
        printf(" % d ",ansu[ i]);
    else printf(" % d",ansu[ i]);
printf("\n");
for( int i = 0;i<ed;i + + )
    if( i!= ed - 1)
        printf(" % d ",ansv[ i]);
    else printf(" % d",ansv[ i]);
printf("\n");
mp[ u1][ v1] = false; //交换连边
mp[ v1][ u1] = false;
mp[ u1][ v2] = true;
mp[ v2][ u1] = true;
mp[ u2][ v1] = true;
mp[ v1][ u2] = true;
mp[ u2][ v2] = false;
mp[ v2][ u2] = false;
printf(" % d  % d\n",N,sum/2);
ed = 0;
for( int i = 1;i< = N;i + + )
    for( int j = i + 1;j< = N;j + + )
        if(mp[ i][ j])
        {
            ansu[ ed] = i;
            ansv[ ed] = j;
```

```
                            ed ++;
                        }
            for(int i = 0;i<ed;i ++)
                if(i!= ed - 1)
                    printf("% d",ansu[i]);
                else printf("% d",ansu[i]);
            printf("\n");
            for(int i = 0;i<ed;i ++)
                if(i!= ed - 1)
                    printf("% d",ansv[i]);
                else printf("% d",ansv[i]);
            printf("\n");
        }
        for(int i = 1;i< = N;i ++)
            for(int j = 1;j< = N;j ++)
                mp[i][j] = false;
    }
    return 0;
}
```

题目总结：

这道题并不是常规的图论题，而是一道基于图的构造题。这种题一般考查选手的思维能力以及对一些构造方法和图的性质的掌握，有时自己不一定真的会相关定理，但可以通过演算、举例尝试等方法发现规律，找到解法。

3.5.3 2015 ACM - ICPC 亚洲区域赛北京站 D 题

D. Kejin Game

Time Limit：1 000 ms　　Memory Limit：262 144 kb

Nowadays a lot of Kejin games (the games which are free to get and play，but some items or characters are unavailable unless you pay for it) appeared. For example，Love Live，Kankore，Puzzle & Dragon，Touken Ranbu and Kakusansei Million Arthur (names are not listed in particular order) are very typical among them. Their unbelievably tremendous popularity has become a hot topic, and makes considerable profit every day.

You are now playing another Kejin game. In this game, your character has a skill graph which decides how can you gain skills. Particularly speaking, skill graph is an oriented graph, vertices represent skills, and arcs show their relationship — if an arc from A to B exists in the graph (i. e. B has a dependency on A), you need to get skill A before you are ready to gain skill B. If a skill S has more than one dependencies, they all need to be got firstly in order to gain S. Note that there is no cycles in the skill graph, and no two same arcs.

Getting a skill takes time and energy, especially for those advanced skills appear very deep in the skill graph. However, as an RMB player, you know that in the game world money could distort even basic principles. For each arc in skill graph, you can "Ke" (which means to pay) some money to erase it. Further, for each skill, you could even "Ke" a sum of money to gain it directly in defiance of any dependencies!

As you have neither so much leisure time to get skills nor sufficient money, you decide to balance them. All costs, including time, energy or money, can be counted in the unit "TA". You calculate costs for all moves (gaining a skill in normal way, erasing an arc and gaining a skill directly). Note that all costs are non-negative integers. Then, you want to know the minimum cost to gain a particular skill S if you haven't get any skills initially. Solve this problem to make your game life more joyful and . . . economical.

Input

The input consists of no more than 10 test cases，and it starts with a single integer indicating the number of them.

The first line of each test case contains 3 positive integers N （$1\leqslant N\leqslant 500$），$M$ （$1\leqslant M\leqslant 10\ 000$） and S，representing the number of vertices and arcs in the skill graph，and the index of the skill you'd like to get. Vertices are indexed from 1 to N，each representing a skill. Then M lines follow，and each line consists of 3 integers A，B and C，indicating that there is an arc from skill A to skill B，and C （$1\leqslant C\leqslant 1\ 000\ 000$） TAs are needed to erase this arc.

The next line contains N integers representing the cost to get N skills in normal way. That means，the i-th integer representing the cost to get the i-th skill after all its dependencies are handled. The last line also contains N integers representing the cost to get N skills directly by "Ke". These $2N$ integersare no more than 1 000 000.

Output

For each test case，output your answer，the minimum total cost to gain skill S，in a single line.

Sample Input

```
2
5 5 5
1 2 5
1 3 5
2 4 8
4 5 10
3 5 15
```

3 5 7 9 11

100 100 100 200 200

5 5 5

1 2 5

1 3 5

2 4 8

4 5 10

3 5 15

3 5 7 9 11

5 5 5 50 50

Sample Output

31

26

题意：

现在有很多氪金游戏(可以免费玩但是一些物品或角色必须付费才能得到或使用的游戏)出现。比如 Love Live，Kankore，Puzzle & Dragon，Touken Ranbu 和 Kakusansei Million Arthur（排名不分先后）都是非常典型的氪金游戏。它们巨大的影响力成为当今很热的话题，也创造着不可思议的利润。

你现在正玩着一款氪金游戏。在这个游戏中你的角色有一张技能图，让人知道如何获取一个技能。技能图是一个有向图，点代表技能，边代表技能间的关系，如果一条边由 A 指向 B，也就是说 B 依赖于 A，你需要先学会 A 技能才能去学 B 技能。如果一个技能 S 依赖于多个技能，那么先要具备所有的前置技能才能学 S。注意，这个图没有环，也没有重边。

学会一个技能需要花费很多时间和精力，尤其是对于非常高级的技能。不过，作为人民币玩家，你知道在游戏世界中钱可以改变很多事。对于一条边，你可以氪一些钱把它删除。而对于一个技能，你甚至可以氪一些钱直接获得它而不用依赖其他技能。

因为你既没有很多的时间去学技能，也没有很多钱，你需要平衡正常玩和氪金这两件事。所有的消耗，包括时间、精力、金钱都可以按 TA 计数。所有操作花的 TA 都是非负的。你想要知道从一个技能都没有到学会特定的一个技能 S 所付出的最小代价会是多少吗？解决这个问题能让你的游戏体验更好并且更经济。

思路：

对于这道题因暴力求解法肯定是不行的，须往图论上想，因为已经给了一个有向图。但直接看这个有向图也发现不了什么，需要拆点。把每个点 i 拆成两个点 i 和 i'，再建一个源点和一个汇点。对于原图 $i \rightarrow j$ 这条边，从 i' 向 j 连边，容量为原边的费用。源点向 i 连边，容量为满足条件后购买 i 的费用，i 向 i' 连边，容量为直接购买 i 的费用，S' 向汇点连边，容量为正无穷，建图后原问题转化为求这个图的最小割是多少。最小割直接用最大流算法解决即可。

通过代码：

```cpp
#include <cstdio>
#include <algorithm>
#include <vector>
#include <queue>
using namespace std;
#define inf 1000000000
typedef struct edge
{
    int v;
    int w;
    int opp;
}edge;
vector<edge> mp[1005];
int T,N,M,S,A,B,C,ans;
```

```
edge temp;
int d[1005];
queue<int> q;
bool bfs()
{
    int now;
    for(int i = 0;i< = 2 * N + 1;i + + )
        d[i] = 0;
    while(!q.empty())
        q.pop();
    q.push(0);
    d[0] = 1;
    while(!q.empty())
    {
        now = q.front();
        q.pop();
        if(now = = 2 * N + 1)
            return true;
        for(int i = 0;i<mp[now].size();i + + )
            if(mp[now][i].w>0&&d[mp[now][i].v] = = 0)
            {
                d[mp[now][i].v] = d[now] + 1;
                q.push(mp[now][i].v);
            }
    }
    return false;
}
int dfs(int u,int maxflow)
{
    if(u = = 2 * N + 1)
        return maxflow;
    int ret,f;
    ret = 0;
    for(int i = 0;i<mp[u].size();i + + )
    {
        if(mp[u][i].w>0&&d[mp[u][i].v] = = d[u] + 1)
        {
```

```
                f = dfs(mp[u][i].v,min(maxflow - ret,mp[u][i].w));
                mp[u][i].w -= f;
                mp[mp[u][i].v][mp[u][i].opp].w += f;
                ret += f;
                if(ret == maxflow)
                    return ret;
            }
        }
        return ret;
    }
    int main()
    {
        scanf("% d",&T);
        while(T --)
        {
            scanf("% d % d % d",&N,&M,&S);
            for(int i = 0;i < M;i ++)
            {
                scanf("% d % d % d",&A,&B,&C);
                temp.v = B;
                temp.w = C;
                temp.opp = mp[B].size();
                mp[A + N].push_back(temp);
                temp.v = A + N;
                temp.w = 0;
                temp.opp = mp[A + N].size() - 1;
                mp[B].push_back(temp);
            }
            for(int i = 1;i < = N;i ++)
            {
                scanf("% d",&C);
                temp.v = i;
                temp.w = C;
                temp.opp = mp[i].size();
                mp[0].push_back(temp);
                temp.v = 0;
                temp.w = 0;
```

```
            temp.opp = mp[0].size() - 1;
            mp[i].push_back(temp);
        }
        for(int i = 1;i <= N;i ++ )
        {
            scanf(" % d",&C);
            temp.v = i + N;
            temp.w = C;
            temp.opp = mp[i + N].size();
            mp[i].push_back(temp);
            temp.v = i;
            temp.w = 0;
            temp.opp = mp[i].size() - 1;
            mp[i + N].push_back(temp);
        }
        temp.v = 2 * N + 1;
        temp.w = inf;
        temp.opp = mp[2 * N + 1].size();
        mp[S + N].push_back(temp);
        temp.v = S + N;
        temp.w = 0;
        temp.opp = mp[S + N].size() - 1;
        mp[2 * N + 1].push_back(temp);
        ans = 0;
        while(bfs())
            ans += dfs(0,inf);
        printf(" % d\n",ans);
        for(int i = 0;i <= 2 * N + 1;i ++ )
            mp[i].clear();
    }
    return 0;
}
```

题目总结:

这道题的难点还是在建图和向网络流方向思考,这也给我们带来了启示,如有直接获得的和间接获得的、有前置条件的、求最值的都可以考虑拆点往网络流方向考虑，画画图，会发现很多。

3.6 数 论

在比赛中，我们也经常遇到要用数论知识解决的题目，运用数论知识和计算机快速计算的能力，可以帮助我们解决许多问题。

3.6.1 2016 ACM - ICPC 亚洲区域赛大连站 D 题

D. A Simple Math Problem

Time Limit：1 000 ms   Memory Limit：65 536 kb

Given two positive integers a and b，find suitable X and Y to meet the conditions：

$X + Y = a$

Least Common Multiple $(X，Y) = b$.

Input

Input includes multiple sets of test data. Each test data occupies one line，including two positive integers $a(1 \leqslant a \leqslant 2 \times 10^4)$，$b(1 \leqslant b \leqslant 10^9)$，andtheir meanings are shown in the description. Contains most of the 12W test cases.

Output

For each set of input data，output a line of two integers，representing X，Y. If you cannot find such X and Y，output one line of "No Solution" (without quotation).

Sample Input

6 8

798 10780

Sample Output

No Solution

308 490

题意：

给定两个正整数 a，b，求方程组 $X+Y=a$，$\mathrm{lcm}(X,Y)=b$ 的解，lcm 指最小公倍数。

思路：

这个题看数据范围是无法暴力枚举的，又提到了最小公倍数，就会想到最大公约数，设 X 和 Y 的最大公约数 $\gcd(X,Y)=g$，那么 $X=g \cdot k_1$，$Y=g \cdot k_2$，并且 k_1 和 k_2 互质，两个方程可以改写成 $k_1+k_2=a/g$，$k_1 \cdot k_2=b/g$，且 a/g 和 b/g 也互质，这说明 g 也是 a 和 b 的最大公约数，那么现在 a，b，g 都知道了，就可以构造一元二次方程求 k_1 和 k_2 了，求出后 X 和 Y 也就都有了。

通过代码：

```
#include <cstdio>
#include <cmath>
long long gcd(long long a, long long b) //求最大公约数
{
    if(a % b == 0)
        return b;
    else if(b % a == 0)
        return a;
    else if(a > b)
        return gcd(b, a % b);
    else return gcd(a, b % a);
}
int main()
{
    long long a, b, g, delta, q;
    while(scanf("% lld % lld", &a, &b) != EOF)
```

```
    {
        g = gcd(a,b);
        delta = a * a - 4 * g * b; //构造一元二次方程 gx² - ax + b = 0,
                                    //写出判别式
        if(delta<0) //一元二次方程无解
            printf("No Solution\n");
        else
        {
            q = sqrt(delta);
            if(q * q != delta) //无整数解
                printf("No Solution\n");
            else if((a + q) % 2 != 0) //无整数解
                printf("No Solution\n");
            else printf("% lld % lld\n",(a - q)/2,(a + q)/2);
                                                        //两个解
        }
    }
    return 0;
}
```

题目总结：

在 ACM 竞赛中 gcd 和 lcm 的出现率还是非常高的，看到相关的内容可以往这方面想，变换一下条件寻求解法。

3.6.2　2011 ACM－ICPC 亚洲区域赛大连站 I 题

I. The Boss on Mars

Time Limit：1 000 ms　　Memory Limit：32 768 kb

On Mars，there is a huge company called ACM（A huge Company on Mars），and it's owned by a younger boss.

Due to no moons around Mars，the employees can only get the salaries per-year. There are n employees in ACM，and it's time for them to get salaries from their boss. All employees are numbered from 1 to n. With the unknown reasons，if the employee's work number is k，he can get k^4 Mars dollars this year. So the employees working for the ACM are very rich.

Because the number of employees is so large that the boss of ACM must distribute too much money, he wants to fire the people whose work number is co-prime with n next year. Now the boss wants to know how much he will save after the dismissal.

Input

The first line contains an integer T indicating the number of test cases. ($1 \leqslant T \leqslant 1\ 000$) Each test case, there is only one integer n, indicating the number of employees in ACM. ($1 \leqslant n \leqslant 10^8$)

Output

For each test case, output an integer indicating the money the boss can save. Because the answer is so large, please module the answer with $1\ 000\ 000\ 007$.

Sample Input

```
2
4
5
```

Sample Output

```
82
354
```

Hint

Case1：sum＝1＋3×3×3×3＝82

Case2：sum＝1＋2×2×2×2＋3×3×3×3＋4×4×4×4＝354

题意：

火星上有一家叫做 ACM 的公司（A huge Company on Mars），老板

是个年轻人。

因为火星没有月亮绕着转，所以员工们只能按年拿工资。ACM 公司有 n 个员工，现在到了从老板那里拿工资的日子了。员工编号为 1 到 n。因为不可知的原因，k 号员工会拿到 k^4 火星币，所以 ACM 的员工都很富有。

因为 ACM 的员工太多了，老板需要花费大量资金，他想在下一年辞掉编号与 n 互质的员工。他想知道经过这次裁员会为他省下多少钱。

思路：

这道题是求 1 到 n 中与 n 互质的数的 4 次方和，正着求不好求，考虑求不互质的，从 2 的倍数开始考虑，发现 n 以内所有 2 的倍数的 4 次方和是 2^4 乘 1^4 加到 $(n/2)^4$，n 以内所有 3 的倍数的 4 次方和就是 3^4 乘 1^4 加到 $(n/3)^4$，那么我们就可以对 n 分解质因数再使用容斥原理计算，现在的问题就是 4 次方和怎么求，这个可以推一下公式，最后推出是 $n(n+1)(2n+1)(3n^2+3n-1)/30$，因为需要取模，所以除法需要逆元，模数是个质数，所以用扩展欧几里得或者费马小定理求都可以。

通过代码：

```
# include <cstdio>
# define mod 1000000007
long long fac[10001];
long long powm(long long a, long long b) //快速幂
{
    long long ret = 1;
    while(b)
    {
        if(b&1)
            ret = (ret * a) % mod;
        a = (a * a) % mod;
        b >> = 1;
    }
    return ret;
```

```
    }
int main()
{
    long long T,n,cnt,nn,now,c,temp,ans;
    scanf(" % lld",&T);
    while(T--)
    {
        scanf(" % lld",&n);
        nn = n;
        cnt = 0;
        for(long long i = 2;i * i< = nn;i ++ )  //分解质因数
            if(nn % i == 0)
            {
                fac[cnt ++ ] = i;
                while(nn % i == 0)
                    nn/= i;
            }
        if(nn>1)
            fac[cnt ++ ] = nn;
        ans = 0;
        for(long long i = 1;i<(1LL << cnt);i ++ )
                                    //枚举质因数集合使用容斥原理
        {
            now = 1;
            c = 0;
            for(long long j = 0;j<cnt;j ++ )
                if(i&(1LL << j))
                {
                    c ++ ;
                    now *= fac[j];
                }
            temp = powm(now,4) * (n/now) % mod * (n/now + 1) % mod *
                (2 * n/now + 1) % mod * ((3 * n/now * n/now + 3 *
                n/now + mod - 1) % mod) % mod * powm ( 30, mod -
                2) % mod;
            if(c&1)
                ans = (ans + temp) % mod;
```

```
        else ans = (ans + mod – temp) % mod;
    }
    printf("% lld\n",(n % mod * (n + 1) % mod * (2 * n + 1) % mod *
        ((3 * n * n + 3 * n + mod – 1) % mod) % mod * powm(30,mod
        – 2) % mod – ans + mod) % mod);
    //用总和减去算出来的得到最终答案
    }
    return 0;
}
```

题目总结：

这道题考查了大家推导式子的能力,式子推出来后面就容易了。另外,如果正面情况不好想还可以想反面情况,反面情况有交集的时候可以使用容斥原理解决。

3.6.3   2015 ACM - ICPC 亚洲区域赛长春站 B 题

B. Count $a \times b$

Time Limit：1 000 ms   Memory Limit：262 144 kb

Marry likes to count the number of ways to choose two non-negative integers a and b less than m to make $a \times b$ mod $m \neq 0$.

Let's denote $f(m)$ as the number of ways to choose two non-negative integers a and b less than m to make $a \times b$ mod $m \neq 0$.

She has calculated a lot of $f(m)$ for different m, and now she is interested in another function $g(n) = \sum_{m|n} f(m)$. For example,

$$g(6) = f(1) + f(2) + f(3) + f(6) = 0 + 1 + 4 + 21 = 26$$

She needs you to double check the answer. (详细说明如图 3 - 7 所示)

Give you n. Your task is to find $g(n)$ modulo 2^{64}.

Input

The first line contains an integer T indicating the total number of

b \ a	0	1
0	0	0
1	0	1

b \ a	0	1	2
0	0	0	0
1	0	1	2
2	0	2	1

b \ a	0	1	2	3	4	5
0	0	0	0	0	0	0
1	0	1	2	3	4	5
2	0	2	4	0	2	4
3	0	3	0	3	0	3
4	0	4	2	0	4	2
5	0	5	4	3	2	1

Table 1: $a \times b \bmod 1$ Table 2: $a \times b \bmod 2$ Table 3: $a \times b \bmod 3$ Table 4: $a \times b \bmod 6$

图 3 - 7 详细说明

test cases. Each test case is aline with a positive integer n.

$1 \leqslant T \leqslant 20\ 000$

$1 \leqslant n \leqslant 10^9$

Output

For each test case, print one integer s, representing $g(n)$ modulo 2^{64}.

Sample Input

```
2
6
514
```

Sample Output

```
26
328194
```

题意：

Marry 喜欢计算有多少种方法选择两个小于 m 的非负整数 a,b 使得 $a \times b$ 除以 m 的余数不为 0。我们定义 $f(m)$ 表示这个方法数。她算了很多数的 f 函数值，她现在想知道另一个函数 $g(n) = \sum_{m \mid n} f(m)$ 的值是多少，答案对 2^{64} 取模。

思路：

题目中说的条件不满足当且仅当 $\gcd(m,ij)=m$ 时，其中 $\gcd(m,i)=d$ 的数有 $\varphi(m/d)$ 个，那么就需要 $(m/d)\mid\gcd(m,j)$，也就是 $(m/d)\mid j$，j 是 m/d 的倍数，这样的 j 有 d 个。所以 $f(m)=m^2-\sum\limits_{d\mid m}d\varphi(m/d)$。前边这个是积性函数，后边这个还得再推导，换一下求和顺序，变成 $\sum\limits_{d\mid n}d\sum\limits_{\frac{m}{d}\mid\frac{n}{d}}\varphi(m/d)$，这样就可以推出这一部分是 $n\tau(n)$。其中 φ 指欧拉函数值，τ 指因数个数。然后就可以分解质因数了，这道题时限比较紧，需要先打质数表，取模可以用 unsigned long long 自然溢出做到。

通过代码：

```
# include <cstdio>
bool isprime[100001];
int prime[100001],fac[100001],faccnt[100001];
int main()
{
    int T,ed,n,nn,cnt;
    unsigned long long ans1,ans2,mul,sum;
    scanf(" % d",&T);
    ed = 0;
    for(int i = 2;i< = 100000;i + + ) //筛法打质数表
        isprime[i] = true;
    for(int i = 2;i< = 100000;i + + )
        if(isprime[i])
        {
            prime[ed + + ] = i;
            for(int j = 2;1LL * i * j< = 100000;j + + )
                isprime[i * j] = false;
        }
    while(T - - )
    {
        scanf(" % d",&n);
```

```
nn = n;
cnt = 0;
for(int i = 0;1LL * prime[i] * prime[i] < = nn;i + + )
                                              //分解质因数
    if(nn % prime[i] = = 0)
    {
        fac[cnt] = prime[i];
        faccnt[cnt] = 0;
        while(nn % prime[i] = = 0)
        {
            nn/ = prime[i];
            faccnt[cnt] + + ;
        }
        cnt + + ;
    }
if(nn > 1)
{
    fac[cnt] = nn;
    faccnt[cnt] = 1;
    cnt + + ;
}
ans1 = 1;
ans2 = 1;
for(int i = 0;i < cnt;i + + ) //利用积性函数性质,考虑 n 的
                             //每个形如 p$_i^{k_i}$ 的因子
{
    mul = 1;
    sum = 1;
    for(int j = 1;j < = faccnt[i];j + + )
    {
        mul * = fac[i];
        sum + = mul * mul;
    } //减号前的部分
    ans1 * = sum; //利用积性函数性质乘
```

```
        ans2 *= (faccnt[i] + 1);  //统计 n 的因子数
    }
    printf(" % llu\n",ans1 - ans2 * n);  //式子两部分相减
    }
    return 0;
}
```

题目总结：

这道题式子不好推，要结合欧拉函数的相关知识。当我们看到两个求和符号但不太会化简时，可以考虑换一下顺序，也许会有意想不到的收获。

第 4 章　ACM 之路

4.1　小明的故事

小明,ACM 选手,让我们通过他的故事(人物关系如图 4 - 1 所示)来深入了解 ACM - ICPC。

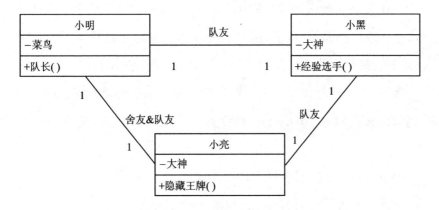

图 4 - 1　小明的故事人物关系图

4.1.1　XXX 队的诞生

我叫小明,软件学院软件工程专业大一学生。就在刚才,我通过了学校的 ACM 集训队选拔赛,并收获了队友两枚。现在我们面临着一个重大的问题——谁来当队长呢?

队友 A 叫小黑,大神。他高中时就参加了信息学竞赛并获得了二等奖,在我刚到大学还是菜鸟一只面对代码一脸懵的时候,人家就已经叱咤上机 OJ 榜了。他是我的舍友,也是我的领路人。在过去的一年里,我问了他不计其数的问题，多亏了他毫不藏私地帮助了我，才能让我这个新手一路顺遂地走到了现在。

队友 B 叫小亮，大神，脑筋急转弯高手。在上学期上机刷 OJ 时，有几次题目出得特别特别难，我挂了，小黑也挂了，但是小亮从来没有挂过，无论题目多偏多绕，他总是能想出正确的思路。与我和小黑相比，他算是天赋型选手了，让人不得不承认 ACM 有时就是只有高智商才玩得转。

至于我，是队里实力最菜的，能进入这个队伍纯属运气使然，当然也有一点点个人努力的结果。上大学前对编程一无所知，ACM 都是不久前才听说的，从零基础开始学了一年到现在还处于摸索之中。这次选拔赛侥幸拿了第三名，但是个人实力忽高忽低不怎么靠得住。

ACM 集训队教练要求我们在今晚 12 点前确定队伍的名字和队长报给他，然而现在已经 11 点了，两位大神却仿佛遗忘了这件事，绝口不提，尽情水群。最后我忍不住拉了个讨论组，在讨论组里开了口。

"话说，我们队起什么名字啊?"这招名叫避重就轻，如果我直接问"谁想当队长"这个问题，搞不好那两位就起哄让我背了锅，所以先问这个问题。

"……不知道啊。"首先回复的是小黑。

"emmmm"小亮发了个表情(如图 4 - 2 所示)。

图 4 - 2   "emmmm"的表情包

"那我们可以先想想取什么类型的，是霸气侧漏型的，还是低调奢华型的?"我说道。

"当然要霸气一点了! 就叫北方不败队吧。"小黑说道。

"可以啊。"小亮表态。

"不行不行太招摇了。"我急忙否定道,"我们还是低调点好——免得打脸时候疼啊!"

"emmmm 有道理。"小亮说。

"别人都起了什么名字?"小黑想找个参考。

我初出茅庐,哪儿知道别人的队起了什么名字:"不清楚。"

"我知道东神他们队叫黑化肥发灰会挥发。"小亮说道。

东神名字叫小东,也是集训队的,是上一届的大佬。

"666。那我们叫粉红凤凰花凤凰吧。"小黑说道。

"你这是在为难人家念队名的人啊!"我回道。

"要不然我们叫 XXX 队吧。"小黑继续说道。

我突然眼前一亮,赶紧回复道:"这个名字好! 不仅有种神秘的感觉,而且正好是我们三个人名字首字母的组合。"

"emmmm 这么有寓意的吗? 那就它了。"小亮也表示赞同。

名字就这样定了下来,然而还有另一个难题。看着小黑和小亮又重归沉寂,我估计如果我不提他们也不会主动,只好装作不经意地开口提问:"那么我们队里谁来当队长啊?"

我投下一颗石子,然而群里并没有泛起水花。我耐心等待着——反正问题甩出去了,接下来就看小黑和小亮哪位大侠良心发现出来扛起这个重担了。

过了两分钟,先开口的还是小黑:"队长——主要是做什么的?"

我一直密切关注着群里的动静,看到小黑似乎有意,我感到非常欣慰,连忙回答道:"教练说队长主要是负责安排自己小组的日常训练,以及有比赛的时候要去选比赛、领车票什么的,很简单的。"

"哦。"小黑回应道。

我刚想乘胜追击，提出让小黑当队长，没想到手速慢了一步，他下一句话发出来了。

"我觉得小明就很合适。"

What？小黑这招打得我措手不及，还没等我删除已经编辑好的内容，小亮也说话了。

"我附议。"

纳尼？他们两个这是串通好的吗？

我立马就不淡定了，连忙推脱："额，其实我觉得我不太合适——"

"不不不，小明，队长绝对非你莫属啊！"

"为什么?"我一脸懵。

"因为你是我们三个人中最靠谱的。"小黑说道。

"＋1。"小亮迅速接，并发了一个"仰望高端玩家"的表情包(如图 4－3 所示)。

"这何以见得啊?"我着实不知道小黑对我"靠谱"的印象从何而来。

"因为你从来都没有丢过校园卡啊！我和小亮都补办过三四次，可你一次都没有。"小黑解释道。

仰望高端玩家

图 4－3 "仰望高端玩家"的表情包

"是的，如果不是你当队长的话，一些重要的文件票证搞不好什么时候就丢了。"小亮也说道。

原来竟然是这种原因吗？我感觉自己已经无力吐槽了，只想垂死挣扎一下："不行啊，我做题太渣了，学习也不好。hold 不住队长的职责啊！"

没想到一石激起千层浪，我这话一出，小黑和小亮纷纷表示愤慨。

"你做题还渣？选拔赛比我高多了好吧！"小黑这次排名第五。但其实我们两个人做出来的题目数是一样的，完全不是"高多了"。

"要是连明哥学习都算不好的话，那我们都得重修去了。"小亮如是说。

我心内默默吐槽:小亮这次大班第六,我大班第四,其实也没差多少。

大神们就是习惯性谦虚。

不过,其实我刚刚的说法似乎也是过度谦虚了些,这么看来我也有和大神一样的品质啊!

小黑和小亮确实都没有当队长的意思,只好由我接下此重任:"那我就把队名和队长这样报给教练了。"

"去吧皮卡丘!"

最终的团队如图4-4所示。

ACM集训队

序号	队名	队长	队员A	队员B
1	黑化肥发灰会挥发	小东	小西	小北
2	红绿灯	小红	小绿	小黄
3	无名小卒			
4	XXX队	小明	小黑	小亮
5	BAT组合	小白	小安	小天

图4-4 团队名单

4.1.2 入学考试与历史课

ACM集训队选拔赛结束之后就是暑假,如果没能成功通过选拔赛,暑假就可以愉快地回家玩耍了,然而通过了选拔赛,暑假期间就要留在学校里进行长达三个月的集训(集训场景如图4-5所示)。

暑期集训的第一天,我和小黑一同出发,因为机房就是我们之前专业课上机的机房,所以轻车熟路地到了地方。进了机房之后,我的第一感觉是人太少了。学校的ACM集训队有三十个人,三人一组,分为十组,从视觉效果上,完全比不上平日上机时满满当当坐了一百来号人的景象,加上大家都坐在前面,于是显得机房非常清净。

而走到了机房前面,我想收回刚刚说的"清净"两个字——前排大佬

图 4－5　集训场景

激情澎湃，配合着他的超高手速以及超响机械键盘，场面十分热闹。

我和小黑在一旁找了个地方坐下，顺便给小亮占了位置。

"今天我们要干什么呀？"我难以抑制内心的新鲜感，和小黑说道。

"不知道。还能干什么，做题呗。"

"做什么题？哪儿的题？自己找题吗？"

"应该是集训队教练出题我们做吧，和 OJ 一样。"

"哦。"

"不过除了做题我们也没有什么别的事情干了吧？"小黑说。

"不一定，没准会讲讲学校 ACM 集训队历史什么的。"我说道。

小黑不置可否。

九点钟，我们的集训正式开始了。

教练让我们登录学校 ACM 集训队专用的 OJ 平台，按照队名注册账号,然后放了一套题,告诉我们把这当成正式的比赛,从九点半到下午两点半五个小时三个人一组开始做题。

一上来就实战,并且是和大二大三的大佬们一起,我的心中不免有些紧张,又有点激动。小黑倒是很淡定,提议我们先决定好在三个人一台计算机的情况下如何进行分工。

趁着比赛还没开始的时间,我们三个人默默观察着有经验的学长学姐们,看他们采取什么措施,并结合他们的谈话总结出两种基本分工形式——第一种,各自为政式,先看题目,发现是谁擅长的领域就让谁上,好处是互不干扰,缺点是不能发挥队友的功能,一人卡题这题就过不去了;第二种,指手画脚式,三个人一起看题,一个人敲代码,两个人在旁边一边提建议一边肉眼 debug,好处是发挥了团队协作的力量,缺点是分工不明容易吵架。

最好的策略显然是两者在一定程度上的结合,不过我们三个人暂时没有那么高的默契,自然也没有最合适的策略,只能慢慢摸索。

我们没有选择后者——还好没有选择后者,我看到选择了第二种方案的小光组状况有点惨。小光坐在中间敲代码,左边提个意见,右边提个意见,夹在中间的他,自己也有意见。三个人三种意见,但不能打三份代码,于是势必要意见统一,而每个人都想统一别人,就开始讲道理,越讲声音越大,看上去马上就要吵起来了。

然后,趁着左边和右边在吵,小光利用自己的地理位置优势按照自己的思路打代码。他们两个看小光已经上手,也不再坚持己见,而是转换为辅助模式,自觉地给小光的代码 debug。

有的时候小光的代码思路是对的,于是过题了,那三个人都会很开心。不过,当小光没有过题时就又会起一轮争执,因为不知道此时是应该换一个人的思路来答还是继续对小光的代码 debug。

相形之下,我们这边相当平和,没有发出过吵闹声,但效率低下。因为一开始我们采取的方法是,三个人一起看题,谁有了思路谁就去打,过不了换别人接着上去打。于是当别人在热火朝天地讨论时，我们三个人并坐一排，对着题目，各自思考着，谁想得快谁就上去答，跟抢答游戏一样。

但是我们是队友啊！我们根本不是竞争关系啊！我们是要合作起来共同对抗竞赛题的啊！三个人一起想一道题实在太浪费了。我们察觉到了这个问题，同时很快发现了我们各自的优势——我打代码打得快，小亮想思路想得快，小黑比较能找出代码中的错误。于是，基于以上发现，我们很快确定了三人合作解出一道题的流程——小亮想思路，三人讨论细节，我来操刀写代码的同时，小黑帮我 debug，小亮去看下一题。

虽然这不一定是最好的合作策略，但是在此时此刻非常好用。一开始因为我们不当的合作，成绩落后了，此时正一点点被弥补回来，而这更激发了我们的信心，越来越稳扎稳打，到了最后的半个小时里，剩下的题目基本上都是不会的了，我看到别的队里已经有人自暴自弃不知道该干什么了，然而我们依然气定神闲按照分工合作的路线走——虽然在这最后的时间里，我们也一道题都没做出来。

五个小时的比赛结束后，我的脑力受到了极大的损耗，马上瘫倒在座位上。小亮和小黑还在对我们刚刚过了样例却得到了 WA 的代码进行 debug，暂时没有结果。

由于是第一天集训，再加上是比赛之后，大家都喜欢对对答案，因此机房中一直特别喧哗，教练也没管，因为他也在聊天。大约乱糟糟了近一个小时，大家的热情才渐渐冷却下来。

于是，教练开始讲学校集训队的历史了。

学校 ACM 集训队的历史，一言以蔽之，自力更生。因为到目前为止的一切完全都是由学生们出于兴趣自发组织起来的。

在很久很久以前，学校还不知道 ACM 为何物，也不在乎 ACM 为何物，更不会向学生宣传 ACM。而这时，有这样一群爱好者，他们凭借着自己对 ACM 竞赛天性使然的兴趣，尽管从官方参赛无门，只能自己找信息,自己做训练,自己打比赛,但他们并没有因此而退缩。既然刚开始连争取参赛名额都很难,那就从争取参赛名额开始;既然能到现场获得一个铜牌都很难,那就先从铜牌开始拿起。

就这样,一点点、一点点的努力积累下来,每一届取得的进步都为后来人增加了一份筹码。渐渐地,原来只是民间爱好者的他们也在这一行混出了门道,成绩屡创新高。他们不仅仅给自己的大学生活增添了光彩,也为学校赢得了荣誉。而他们在 ACM 竞赛方面取得的荣誉渐渐引起了学校的注意。于是,学校才有了 ACM 集训队,并有了指导老师和教练。

然而这只是第一步。学校有无数的校队,ACM 集训队只是其中一支,而且是最不起眼的一支。毕竟,它只是个新生儿,而且不像校篮球队、排球队那样可以广纳百川,各学院各专业的都可以参与,ACM 集训队只与计算机学院和软件学院相关,而这两个院系的人也不是都对打比赛感兴趣。

因为小众,所以边缘。虽然有了官方的 ACM 集训队,但事实上这个集训队有名无实,队员除多了个身份认证之外,一切还是以自治为主,仍然得不到重视,既没有资源支持和培养计划,也没有专用的机房。

在这时,大神小刚出现了。他的生活就像典型的学渣逆袭故事一样,他也是给学校 ACM 集训队当时现状带来改变的人。

小刚在成为大神小刚之前,是个纯学渣的形象。他是软件工程专业,第一年挂了三科,第二年挂了两科,除了体育上过八十分,其他的门门成绩都惨不忍睹。大一沉迷网游虚度光阴,到了大二想勉励自己一把,加入了 ACM 集训队——因为当时的集训队很不正式,人也少,所以没有选拔赛之说,想加入就加入——然而还是败给了自己的懒惰症,总是三天打鱼两天晒网,于是又虚度了一年。

像这样的浪子总会有一个节点突然醒悟,小刚正是如此,到了大三,他突然发现,自己还有两年就毕业了,可是他却什么都不会。他没有自信自己能在两年之后找到工作,而找不到工作的自己难道要去啃老吗?

小刚不能接受这样的未来，他不想让他的明天变成自己厌恶的样子。他开始后悔，开始反思，自己为什么明明在一开学的时候握着一手好牌最后却打得稀烂，结论是自己的畏难情绪太重了。因为开学时他什么都不会，但他连尝试都没有就放弃了这个他以为自己什么都不会的专业，遇到不会的题目就抄，遇到想不明白的点就不想了，这样的态度怎么可能学得好呢？

反思过后，他很快振作起来，他相信，"当你觉得为时已晚，恰恰是最早的时候"，只要你还肯开始，那么，一切都还来得及。

小刚开始了他的奋斗，而他的奋斗之旅从 ACM 开始。

ACM 是一种神奇的事业，如果你能理解其中的美好，你会发现 ACM 竞赛和游戏有诸多相通之处，过了一道题就像打通关卡一样能给人带来成就感。小刚就是这样被 ACM 竞赛所吸引。

他重新回到了 ACM 集训队，之前总是碌碌无为，这次他想搞个大事情。他和队友长谈了一次。之前，三个人来集训队都或多或少抱着打酱油的心态，但是，如果有希望获得成就，谁又想真的碌碌无为？都是少年意气，怎么就不能拼搏一次，虽败犹荣？

他们将目标定为——打到 World Final。要知道，当时学校的最好成绩，也只是区域赛的银牌而已。

既然敢想，也要付出与之相匹配的努力。他们全身心投入训练之中，不分昼夜地刷题补题，能力突飞猛进。而他们队伍的氛围和远大理想也感染到了整个集训队，让大家的心中仿佛燃起一把火。功夫不负有心人，第一年，小刚的队伍获得了区域赛金牌，也是学校获得的首个区域赛金牌。第二年，他们又再度获得金牌，并且是金牌榜里的佼佼者。

不过遗憾的是，小刚最终没能进 World Final。他退役了，但由于在 ACM 竞赛中的成绩优异，获得了很好的就业机会。

而小刚的队伍在 ACM 中取得的成绩，也让 ACM 集训队的标签从"小众"变成了"精英"。学校再一次注意到了 ACM 集训队，并配备了专门的机房,由计算机学院的老师担任指导老师,由研究生担任教练。

大神小刚虽然已经毕业了,但他的传说永远留在了这里。

4.1.3　校赛进行时

集训的日子单调而无聊,平淡而欢乐。尽管看上去我们每天除了做题就是讲题,实在是枯燥至极,然而事实上我倒是感觉生活挺丰富多彩的,因为做题的行为虽然一样,但题目内容永远都不一样,有时遇到的是往届题目,经典而有益;有时遇到的是偏题难题,鬼畜而有趣;甚至有时我们会自己编题,互相解答,更是脑洞大开,激烈非凡。

编题是个技术活。一开始,我们编题都或多或少模仿着自己做过的例题进行,毕竟怕完全自立山门的话可能会有很多 bug,乃至不存在正确的解法。但是后来,大家迷之自信,开始自己根据知识点编写题目了,于是各种稀奇古怪的题目都出来了,而这些题目,有的还真的难倒了大家。ACM 竞赛题都是有背景的,官方出题往往高大上,比如"魔法学院""某某历险记"等系列,而自己出题自然更是把这一丝趣味性放至最大,大部分时候我们会编成"某某某做一个什么游戏"这种类型,这个"某某某"嘛,则经常由教练或队友友情出演。

俗话说,快乐的时光总是显得十分短暂,在充实的集训生活中,暑假一晃而过,又到了开学的时候。回首这三个月的集训,明明感觉自己没有特意去做什么改变,但做起题时确实更顺手了。

不过我的水平具体提升到了什么层面,说实话,不清楚。虽然在集训队里我们经常采取正式比赛的形式做题,可那些毕竟都是内部比赛,没有和外面的世界接轨,看看到底能处于什么位置。

于是,在某个风和日丽的清晨,我们信心满满,到隔壁大学打校赛去了。

关于我们为什么要去隔壁大学,这里要解释一下。隔壁大学和我们大学总体在同等水平,但是他们 ACM - ICPC 的成绩比我们要好,因为他们的设备更好，学校也更重视这个项目。因此，在这样的氛围下，他们的校赛含金量其实是不错的，可以作为我们的出师之战。而我们是怎么知道隔壁大学的校赛的呢？小黑有个高中同学在隔壁大学，也是这个专业，是他向我们透露的有关晚上隔壁大学有校赛决赛的消息的，并且还热情邀请我们去现场打一打它的网络同步赛。

隔壁大学是开放性质的，因此我们轻松进了校门，然后由来过这里的小黑带领着，一路无阻直接到了他们的决赛地点——机房。

我们去的时候机房里的人还不多，不过作为不速之客，我们也不好意思抢占前排，于是找了个角落偷偷藏起来。渐渐地，人多了起来，都是些不熟悉的面孔，我突然有点兴奋——不管怎么说，这还是我训练以来第一次在外打比赛呢，也不知道这边的题目是什么样的，答题的人又是什么样的。而最终结果到底是旗开得胜，还是阴沟翻船呢？

在各种胡思乱想和忐忑不安中，比赛开始了。根据我们一个暑假无数次的比赛式训练，我们早就确定了三个人合作的模式——我手速快，准确率也不错，负责前期的题目。小黑和小亮负责后期比较难的题目以及纠正我的错误。于是我率先坐在了计算机前。

第一道题往往是水题，我很快就解了出来，而且一次性通过，这有效缓解了我紧张的心情。而第二道题也不是太难，还是由我操刀，也是一遍通过。

开了个好头之后，到了第三题，我 WA 了一次，然后还是很快通过了，立马跃升到了榜中第一名。接连过三题，我不免有些得意，感觉自己像是满级号遨游新手村一样，想要高歌一曲"无敌是多么寂寞"。虽然如此兴奋，但我不敢轻敌，依旧兢兢业业又过了一道题，然后把舞台让给了小黑。

小黑上场之后，遇到的题目比前面要难一点，我们花了些时间调试，不过最终还是完美通过。如此顺利的成功，让我们不得不得出一个结论——我们太强了，在经过一个暑假集训的我们面前，校赛不堪一击。

"我们拿个 AK 吧。"小亮如是道。

"没问题,走着!"

志得意满的说出这句话之后,我是有点担心会打脸的,不过打脸倒不至于来得那么快。尽管之后的几道题我们因为一些愚蠢的错误费了些时间,掉了排名,但最终还是都 AC 了。我们组就仿佛开了挂似的,一路高歌猛进,过题异常顺畅。我们在第一的位置上待了好久,然后,乐极生悲,卡题了。

我们卡的题刚好是我们知识的盲点,如果这是在日常训练中,发现盲点是一件可喜可贺的事情,这意味着我们又补上了一个漏洞,在比赛中的胜算又大了一点。然而现在是在比赛中,出现盲点不可谓让人不慌张。

作为初出茅庐的新手,我们三个还达不到心如止水的境地,一发现这道题没练过,慌了;再看下道题,没思路,更慌了。我们光纠结应该集中精力做哪道题就纠结了好久,更别提找出思路和敲代码了,甚至到了最后的十几分钟,我们怎么也看不出来写的代码为什么样例都过不了,于是大眼瞪小眼干巴巴一直坐到了比赛结束。

这次比赛虽然不是什么大型比赛,但却给我们带来了很大收获。在这场比赛中,我们暴露出了一些问题——我心态不太好,而且特别害怕时间紧张,尤其到了最后的十几分钟,大脑简直一片空白,什么东西都想不起来;小黑心态不错,发挥一直很稳定,但是他做题特别不注重细节,经常需要反复 debug,遇到坑多的题就会特别耗时间;小亮想题能力强,但是表达出来总是让人一头雾水,互相不能理解的时候很容易急躁。

不过,即使明白了问题所在也不能冒进更正,毕竟心态的培养只能通过不停地比赛和战斗,而队友之间的默契也不是一朝一夕就能练就的,以战养战方为上策。

于是,带着没解决的问题,我们义无反顾地参加了在杭州举办的亚洲区域赛。

4.1.4　你好，杭州

杭州，简称"杭"，自秦朝设县治以来已有 2 200 多年的历史，曾是吴越国和南宋的都城，是中国八大古都之一。此地因风景秀丽，素有"人间天堂"的美誉。

杭州人文古迹众多，西湖及其周边有大量的自然及人文景观遗迹。其独特的文化如西湖文化、良渚文化、丝绸文化、茶文化，以及流传下来的许多故事传说都成为杭州文化的代表。

以上摘自百度百科，我特意查的（杭州风景如图 4 - 6 所示）。

图 4 - 6　杭州风景

我们这次比赛的地点在杭州，一个旅游胜地。这是我第一到杭州，也是我第一次公费旅游，心情十分激动。当发现我们在杭州要待四天之后就更激动了——这意味着除了正式比赛和正式比赛前一天的热身赛之外，我们有两天的时间可以游山玩水，浪里个浪——咳咳，错了，是有两天时间遨游在题海中，享受比赛的乐趣。毕竟我们三个都是有原则的人，在正事儿没干完的时候，我们绝对不会忘了自己的初心，被美景和美食诱惑。

因此,尽管很想趁着这个机会在杭州好好游玩一圈,但是我们更关心比赛的事情。所谓临阵磨枪不快也光,我们又针对自己不太熟的点恶补了相关的算法知识,并且各自打了一堆模板,又调整了之前的模板——虽然这些模板从诞生之日起就没派上过什么用场。

为了保证充足的精神,我们睡得比平时要早,但是并没什么用,作为典型的编程工作者,我们平日里早习惯了晚睡晚起,指望生物钟突然变异是不太可能了。因此第二天我们还是起得很晚,而且起床之后还是特别困。

第二天有热身赛,感受到自己似醒非醒的状态后,我感觉热身赛要完。

比赛地点在浙江工业大学里,我们一行人谁也不认识的地方。ACM亚洲区域赛作为正规的大型比赛,有很多的志愿者,他们直接把我们从酒店带到了比赛地点,还领我们在校园里转了转,熟悉一下环境。

我们到的时间比较早,人还不多,于是几支素未谋面的队伍凑在一起聊得热火朝天。渐渐地,人越来越多,场地也越来越安静,大家都找到了自己的位置,严阵以待接下来的赛事。键盘电脑都由主办方提供,也没人能在键盘声音上艳压群芳。

寂静让我紧张,总觉得自己的一举一动都被放大着,免不了各种胡思乱想。在热身赛正式开始之后,讨论声渐渐响起,而我的注意力也转移回来了,开始专心与队友讨论,做题。

我是第一次做正规的比赛题,于是紧张的毛病又犯了,连第一题的水题都坑了一把,WA 了十几次。要不是最后小黑机智,发现我输出格式错了——多了个空格,我们不知要花费多少时间。

可以想象,在出师不利的状况下,我们后面也很难不受影响而发挥正常水平。我们最后热身赛糊了,位列"铁牌区"。糟糕的成绩让我们对接下来的正式比赛只能抱着"重在参与"的态度。

在回去的路上，我感到非常内疚，因为我觉得，如果不是我一开始犯了错误导致大家心态不稳定，他们两个的发挥也不会那么差。

"没有的事儿，其实我当时也挺紧张的，我在最后几分钟写题的时候手都在抖，本来很容易理顺的逻辑都理不通。大家都一样，慢慢努力就行了。"小黑安慰我道。

"是啊，你就不用想太多，反正比都比完了。而且又不是正式比赛。"小亮说道。

"照我这个心态正式比赛也好不了啊！要不然还是小黑第一个写？至少不至于像我一上来就坑。"我说道。我真的感觉自己难担大任，开场不出错太重要了。

"不不不，你就第一个写吧！其实要是我上比你也好不到哪儿去，你的准确率可比我高。"小黑说道。

"放轻松，大家都是第一次嘛，谁来不一样？其实你这次第一道题WA 那么多次我们绝对也有责任，要是我们一开始就看出来你代码里的错误，肯定也不会这么糊。"

"说到底还是队友不给力啊。"小黑叹息道，"所以咱们也没有必要动不动找谁的责任或者换策略什么的，作为新手我们要自信，友谊第一，比赛第二，每次比赛抱着进步的心态，这样才能走的长远。"

"是啊，我们这才练了几个月，后面慢慢来嘛。"小亮说道。

"对，我们还年轻。"我说道。

第二天上午，我们早早就到了赛场上（赛场如图 4-7 所示）。经过昨日一役，我对于这个地方已经熟悉了，因此心态上就好了很多，而且，看着面前的电脑，看着熟悉的题目，我感觉内心深处充满了从未有过的镇定——我既是来比赛的，也是来做题的，适当的竞争意识和胜负欲当然要有，但是我不能因噎废食，保有一份平常心是最好的。真心享受做题的过程，也是一种美妙。

比赛开始之前，有人致开场词。我们三个是 IT 圈的新手，不知道致

图 4 - 7　赛场情况

辞的是谁,而且主持人说名字时不是特别清楚,因此也没法用百度搜索。不过从围观群众热烈的反映中可以看出他肯定是一位小有名气的大佬。

他小小地活跃了一下气氛之后,比赛正式开始。瞬间,赛场上变得热闹起来,选手们蓄势待发,键盘声、讨论声不绝于耳。这次的比赛符合惯例,第一道题是水题。因为昨天的失误,我这次仔细审了题目又检查了几遍,虽然费时了一点,但是一交上去就痛痛快快地返回一个绿色的"yes"的感觉可比一点点 debug 再答对的感觉好多了。

我顺利地过了第一道题。在比赛中,无论之前有多么紧张,只要第一道题过了,我们就仿佛又回到了训练的时候,忘掉比赛和排名,专注解题一百年。

读题、分析、写代码、测样例、修改、提交。

我循环着,小黑和小亮也没闲着。在干一道道题的过程中,时间过得飞快。主办方分发了我们的午餐——汉堡。受到美食诱惑的我动力十足，和小黑一起又过了一道题。

下一道题是小亮一直在想的，于是我把座位交给了他，然后我和小黑一人拿了一个汉堡，带着胜利者的姿态惬意地站在一旁看着小亮开始打代码。

因为小亮才刚刚开始写，他自己的思路还没表述完，暂时不需要我们在一旁插手，再加上我们觉得如果公然在他旁边吃汉堡可能会引起民愤，于是我们两个小声聊起了天。

"诶，我记得东神之前说在比赛的时候可以听到旁边的人讨论题目的声音，有一次他们还利用这个战术得到了一道题的解法。我们怎么就听不到呢？"小黑四下张望，说道。

"离得太远了吧。"我也到处看了看，说道，"不过我们可以看看别人的气球，看看他们都做出了哪些题？"

"气球就相当于排名榜的实体化吧？"

"还真是。"

"我们到现在好像也没看过榜，现在排多少名了？"小黑问道。

"不知道。我没敢看，怕发现太惨影响做题心情。"我坦诚表示道。

小黑又四下张望了一圈："我觉得我们不会太惨。你看周围都没我们做对得多。"

"你看看那边。"我向我们两个前方比较远的地方一指，说道。

"哇！"小黑被吓了一跳，因为那一队升上去的气球挤在一起，看上去好像有我们的两倍。

"这是清华的吗？好强啊！"小黑回头问我道。

"不知道是哪儿的。更远的地方还看不见，因为都被挡住了。总之我觉得我们这次能拿个铜牌就不错了。"我说的是心里话。毕竟这种大神云集的地方，我们还是太嫩了。

"我们现在是银牌。"小亮突然接了话。

　　我和小黑转过头去,发现他在看榜,于是凑上去一起看。我们确实在银牌区,尽管是银牌区的倒数。

　　"哇!我们这么 6 的吗?"小黑感叹道,满是抑制不住的喜悦。

　　"我们现在状态其实挺好的,只要维持这个成绩,最后我们就能拿一个银牌。"小亮说道。

　　我总感觉小亮在立一个大大的 FLAG。虽然我们在学校也是数一数二的队伍,但是我们学校的水平本来也不算特别强,来到这种高手云集的地方,我着实没有信心。但是客观事实是一部分,我们还是要有自信的,万一就成功了呢?

　　短暂的插曲过后,小亮继续做题,我们没有打扰他,而是在一旁看起了其他题目,小声讨论着。时间一点一点流逝,小亮过了题,然后去吃午饭,我立马接力,开始着手写刚刚讨论的题目。

　　其实吃过午饭之后,离结束就很近了。最后一个小时是封榜,在封榜前,我们看了一眼,发现 XXX 队是在银牌区倒数十几名,心里顿时轻松了很多,心说稳了。根据 ACM 集训队前辈的经验,最后一小时大家普遍会再过一道题,而我看了一眼银牌区最后一名,比我们还差着两道题呢。

　　而就算我们不慎跌出了银牌区,那我们也能拿到一枚铜牌,作为第一次登场的新手玩家,能拿到铜牌,我们也足以回去嘚瑟嘚瑟了。

　　或许正是因为心态好,最后一个小时,我们过了一道题,算是坐稳了银牌的位置。比赛结束的那一刻,我们三个人难掩喜悦地欢呼了起来!第一次比赛就取得这样的意外之喜,我们完全被自己的聪明才智折服了。

　　比赛结束的晚上,我们和教练一起吃了一顿大餐。饭后,我们更少不得吹着晚风,悠闲地欣赏杭州的夜色美景。因为回校时间是次日下午,上午自然由我们自由支配,而此时不逛杭州,更待何时呢?我们租了几辆自行车,先后去了岳王庙、雷峰塔、苏堤,最后乘着小船在西湖泛舟,品尝了当地的特色美食,为我们此行画上了圆满的句号。

4.1.5　越勤奋,越迷茫

第一场比赛过后,我们虽然获得了超乎意料的惊喜,但同时也知道了自身还存在着很大的问题,决不能因为这一次的成功而掉以轻心。通过本次实战,我们了解了 ACM 竞赛的形式和流程,并且发现了软实力和硬实力上存在的诸多不足。而接下来的时间里,我们将修整一段时间,重立目标并有针对性地进行练习。

首次出战就拿到银牌,显然,我们下一个目标就是金牌。

有了梦想,我们不再咸鱼。在学期里和寒假中都没有高强度的集训,而如何训练,就要看我这个队长的调配了。

秉承着敬业的精神,我询问了学长学姐合适的训练计划,结果他们也没有计划,只是推荐了几个刷题的网站和几本算法竞赛知识的书。最后还是要靠我们自己想办法。

"我问学长学姐 ACM 怎么进步,他们告诉我说,多刷题。"我在群里说道,还配了个捂脸的表情(如图 4 - 8 所示)。

图 4 - 8　捂脸的表情

"他们——说的不是挺对的吗?"小黑说道。

"多刷什么题? 类型题还是竞赛题?"小亮想得比较严谨。

"他们说最好刷比自己现阶段水平难度高一点但还算够得着的题。可我怎么知道什么题满足这种条件啊!"我说道。

"emmmm 靠感觉吧。"

"这种事情确实只能靠自己的感觉,毕竟让别人选题——他也不知道你到底觉得什么题难啊!"小黑说道。

"不过就是不知道上哪儿找题。"小亮表示自己对这方面资讯一点都不通。

"前辈们推荐了我两个比赛,top coder 和 code force,据说两三天一场比赛,题的质量也不错。"我说道。

"那挺好的呀,我们可以规定每个人每天做多少道题,然后互相监督,完成任务。"小黑很积极地说道。

"我感觉我们每天能做一道题坚持下来就不错了。"小亮默默回答道。

我的看法和小亮相比有过之而无不及:"我也觉得一天一道题比较有可能实现,毕竟我们平时还要学习。而且我建议周六、日我们可以适当休息一下。"

"emmmm 我同意。"

"这样是不是做题太少了?"小黑说道。

"我们也不能只做题啊!还有看书呢,理论先于实践。学长学姐说我们最好在做题之前看看《算法竞赛入门》之类的书,做到心中有数之后再做题,否则没效果。"我连忙解释道。

"那这样,正好周六、日看书,周一到周五做题,完美!"小亮说道。

"完美+1。"我附和道。

"那我们每天怎么互相督促对方做题啊?"我问道。

"打卡?"小亮说道。

"每一天问一句不就得了嘛,'你今天做题了吗? 没有? 还不赶紧去做'。"小黑答道。

小亮的建议得到了我们一致的同意。

对于像我这种自制力不强的人来说,互相督促的建议简直是自讨苦吃,不过也确实效果极佳。在我们严格执行这一策略之后,我们三个人每天无论如何都会挑出一个时间来做题,这题有的时候做得出来,有的时候做不出来,但是绝对不能选择一眼就能看出来的题目,因为做这种题目无论做多少次都不会带来实质性的提升。

由于我们三个人上课的时间有重合也有不同,因此,每天花多长时间在一道题上完全是视情况而定。一开始其实我挺懒得动脑子的,遇到不会的题最多也就想个十几分钟,然后看题解,觉得自己会了就把题一扔。

后来有一天，在宿舍里，小黑例行询问我的做题情况："小明，你今天做题了吗？"

"正做着呢，这题好难啊，我正准备看题解。"我回答道。

"什么题啊？"小黑今天挺闲的，对我的难题展现出了浓厚的兴趣，"你给我说一下题目。"

"啊，等我找一下这道题。"我开了特别多的网页，一时半会儿找不到。

"你没记住这道题吗，还要找？"

小黑的说法让我不能理解："我为什么要记住这道题啊？"

"哦，因为我一般遇到不会的题就会想很久，然后就自然而然地把这道题目的各种条件都记下来了。"小黑说道，"没事，你找吧，找完发我一下。"

小黑只是无心的回答，但我的心里却"咯噔"一下。

我心虚了，因为现在的我只能大概记住那道题的输出要求，而题目的详细内容，我真的毫无印象。

这真的说明了一个很严重的问题，我没有用心。

我很庆幸小黑警醒了我。从那之后，我在日常做题的训练中也没有敷衍，如果时间实在是不够，宁可把这道题留到明天当作今天没有完成，也不再自欺欺人，随随便便敷衍过去，还浪费一道好题。

ACM 是团队竞赛，但只有每个人的硬实力强了，整个团队的实力才会强。

坚守着这样的信条，我们完美执行了每个工作日一道题的计划，虽然到了后来做题做得想吐，特别是还要自己找难题为难自己这一点让我越来越抗拒做题，但是，效果也是显著的——我们很难遇到完全不知道的知识点了。

然后，我们迎来了第二场比赛。

第二场比赛在西安，又是一个环境优美、人杰地灵的地方。这次比赛的状态不是特别好，但也不是特别糟，出了几个小错，具体细节我就不再赘述了,总之我们又拿回了一个银牌。

而在比赛过后,回校之前,小黑对我和小亮说,他决定要退出 ACM 集训队了。

"为什么?"我表示不能理解,小黑这么厉害,又正混得风生水起,我们还有金牌的梦想没有实现,为什么突然提出退出集训队呢?

"因为我感觉累了。"小黑说这话的时候一脸疲惫。

"累吗?我们也没怎么训练啊?而且学习也不算紧张。"我表示不明白。

"不是这个原因。我不想再搞 ACM 了,我高中就在搞这个,大学也参加了集训,打了两场 ACM,还得了银牌。我觉得我已经经历过了,完全可以功成身退了,可以为我和 ACM 的缘分画上一个完美句点了。我觉得我有大把时光可以放到别处。"小黑说。

"你现在就画完美句点是不是太早了?"小亮问道。

"我觉得不早了。"小黑非常坚定。

我还是表示不解:"现在退出吗?你不打算再努力一把,拿个金牌再走?我们这次在银牌榜里都排很靠前的位置呢。"

"其实我对金牌没有那么深的执念,得不得无所谓。我一开始参加 ACM 集训队也只是想看看大学的竞赛和高中有什么不同,还有就是让自己有点事情做,不要轻易虚度了。大学的 ACM 确实也很有趣,但是我觉得我自己已经练得够多了,我不想再玩这个了,我想换点别的。"小黑诚恳地说道。

"这样啊。"小亮表示理解。

我却还是有点不明白:"是前段时间我们练得太多导致你厌倦它了吗?"

小黑沉默了一下:"也许,有可能是吧。毕竟,我真的没有那么热爱这个活动,做题做那么多,就像平白无故多了许多必须完成的任务,好累啊!"

我也沉默了。

小黑的一番话，让我的头脑变得很乱。其实，我也觉得自己对 ACM 的热情没有像一开始的时候那么高了，特别是天天做题学习的那段时光，是的，我确实知道只有我付出这么多的努力才能提升自己的知识水平，但是高强度的训练真的很容易让人怀疑人生。前段时间，我做题的能力飞速上涨，但我做题的兴趣日益下降。

因为希望自己更强大一点，所以我把生活变成了做题和学习的循环状态，把娱乐当作时间杀手加以防范，全身心投入 ACM，然后搞得自己身心俱疲。可是，我明明一开始只是为了享受 ACM 的快乐而加入 ACM 集训队的，现在我却不怎么快乐。

这真是一个难解的问题啊，就像所有的钢琴家都会有一段时间练琴练到想吐想砸琴，我现在练 ACM，练到很想退出 ACM。但是，如果不拼命，抱着让自己很愉快也很轻松的态度练 ACM，做自己喜欢的题而不是能让自己有所提升的题，那么，我永远只是一个业余的爱好者，在门外徘徊，而不能真正地登上顶峰。

4.1.6　不忘初心，方得始终

我最终还是没有退出，因为，我想我还是真心热爱 ACM 的，不只是热爱攻克一道道题目时的成就感，也深深热爱着 ACM 集训队中大家为了一个目标共同奋斗和努力的感觉。

小黑离队之后，我们队伍迎来了新的成员，小雷。

小雷是和我们同一时间进入 ACM 集训队的，他的队友们今年双双选择退役，使得他在一瞬间变成了孤家寡人，刚好和我们两个重新组成一支队伍。

小雷在选拔赛的成绩不算优秀，在集训队里的存在感也比较低，但是他是一个特别勤奋的人。我们三个人组成一队之后，迎来了第二次的暑期集训。

由于我们都是老队员，深知 ACM 的规则，磨合起来倒是挺快的，小雷在有的地方与小黑很相似，比如他们都很擅长 debug，而且懂的比较多。但是，小雷有一个他自己非常在意的缺点，他说他的反应速度特别慢，遇到类型题还好，而一旦遇到了奇奇怪怪的题他就怎么都想不出来，就算想出来了，也只是在绕远路。

"总的来说，我觉得我自己可能就是不适合 ACM 吧，我没有那么聪明，但 ACM 确实是只有聪明人才玩得转的。"在一次又一次靠小亮想题而我和小雷只能喊"666"之后，小雷如是说。

"其实我也不聪明的，全程靠亮哥。"我安慰道。

小雷对我的说法不置可否，接着说道："我在想我是不是应该退出集训队，我们去年一个奖牌都没有得到，我觉得就算我再待下去也搞不出什么成绩。"

"别退出啊，为什么要退出呢？你又不是为了得奖牌才加入集训队的！"我下意识地脱口而出。

话一出口，我突然感觉自己就像要破案的名侦探柯南一样，被什么点亮了，精神也随之振奋起来。

是啊，我一开始也并不完完全全是为了得奖牌才选择 ACM，加入学校 ACM 集训队的。本来谁做什么事都不会是怀着特别纯粹的动机，我加入集训队，既是因为我喜欢做题的过程，也是因为我想在 ACM 中获得些成绩，为自己谋一些好处。这没有什么不能承认的，但如果要从其中分出一个主次，很明显，热爱大于成绩，前者是我的动力，后者只是附加的好处而已。

而前段时间我之所以那么纠结，就是因为我搞混了主次，将成绩视为全部的目的。

想通了这一点的我就像打通了任督二脉的武侠小说男主角一样，迫不及待地想把我的想法表达出去。看到小雷被我刚才那句话唬住了而若有所思的样子，我赶紧补充了完整版。

"你喜欢 ACM 那就尽情参与 ACM，从 ACM 中获得的纯粹的做题的乐趣才是我们一开始选择它的原因。取得成绩什么的当然是正常的期望，但是如果让它取代了正主的位置，那完全就是自讨苦吃。"

"虽然话是这么说，但是调节成这么乐观的心态真的好难啊。"小雷显然是听进了我的话，不过还是露出了苦笑。"顺其自然吧。"

4.1.7　或许是最好的结局

我们想顺其自然地努力，水到渠成地获得金牌。然而，在大连的区域赛中，我们惜败于赛场之上。

这是我们参加的最后一场比赛，也是最遗憾的一场比赛。赛前，我们感觉自己的状态前所未有地好，我们已经做了无数的题，学了无数的知识，三个人之前也很有默契，如果这样的我们还是拿不到金牌，那就真是无话可说了。

赛场前期，我们非常顺利，尽管现场人才济济，但我们依旧杀出重围，一路飙升到金牌榜。良好的成绩令我们信心十足，而后面一道题是小雷的主场，他看了题目之后很高兴地告诉我们这类型的题他前几天刚好做过，是一道时间复杂度为 nlogn 的题目，于是我们把这道题交给了他，我和小亮在一旁讨论其他。

小雷做的这道题有模板，于是他花了 20 多分钟敲板子。就在这时，我和小亮听到旁边有一个队伍兴奋地喊了起来，他们升起了一个气球，对应的题目正好是小雷在做的这道题。我们感到不可思议，因为这个队伍之前只做出来两道题，他们能做出这道题就意味着这道题是一道简单题。

而如果这道题是简单题，那我们用 20 分钟敲板子，无形之中浪费了太多时间和精力了。

我们赶紧凑到小雷身边看这道题，发现这道题应该不需要 nlogn，用 n^2 的复杂度就能过。小雷的算法肯定也是没问题的，只是时间复杂度越低，算法难度越高，而比赛讲究的就是争分夺秒。

　　在短暂的商议过后,我们决定重写,虽然这是一个不明智的决定,推翻重写意味着我们在宝贵的五个小时里白白浪费了 20 分钟,但是如果采用继续 nlogn 的算法,我们在 debug 上会遇到更大的困难。

　　闹了这么一出,其实我们三个的心态都有点崩。毕竟,比赛之前对这场比赛抱着巨大的期望,一旦发现期望有可能落空,我们都淡定不了了,总想着应该在后面的时间怎样做才能弥补失误,结果手头的事情反而静不下心来。加上后面有一道题属于细节特别多需要考虑得非常全面才能过的题目,我们一次又一次地提交,然后 WA,直到比赛结束也没能拿到全部的分数。

　　我们最后是银牌区的第二名,与金牌只差一线之隔。

　　这场比赛之后,我们三个都进入了半退隐的状态,毕竟,未来还是属于年轻人的,而我们已经来过,爱过,战斗过,虽然其中有诸多不顺意,但是确实也收获了许多,我们不后悔。

　　在 ACM 集训队的这段时间里,我在刷题和写代码上的进步就不用说了,除此之外,我的心态也比以前好了很多,毕竟,我都能在有限时间内沉着镇静地一遍又一遍地 debug 而毫不动摇,还有什么事情能让我失去耐性呢?

　　以上是对个人实力的提升,除此之外,ACM 的获奖经历也给我带来了看得见的好处。在大三下学期找实习单位实习,我在简历中写了我在 ACM 比赛中多次获得银牌的成绩,引起了负责人的注意,因为他也曾是 ACM 选手。

　　既然是同行,那么就用同行的方式来验明真伪。他打了个电话给我,问了我很多算法题目,我都一一完美作答,在这一关给他留下了很好的印象,于是他直接让我来面试。因为知道我算法竞赛出身,面试官毫不客气地问了一个特别特别难的问题,我刚听到问题的时候完全是懵的,但是脸上仍旧极力做出云淡风轻的样子,绝对不能露怯。

　　然后,一点思路都没有的我非常镇定地一边分析一边作答。所幸在赛场上解题的经验多了，不管多难的问题一点点分析总能找到思路，这道题最后竟然被我顺理成章地解了出来。面试官用欣赏的眼光看着我，宣布了我的面试成功。

大部分找实习的流程是简历初筛、笔试、电话面试、面试，具体的顺序和次数与公司有关，但大体上都是这些步骤。因为在这家公司有一个 ACM 的前辈，采用了内推的方式，省了不少环节。

成功找到实习单位的我感觉自己马上就要走上人生巅峰了，而小亮和小雷的生活也很充实，一个在实验室帮忙，一个勤于学习立志保研。

总的说来，从 ACM 集训队出来之后的学生去向都不错，不管有没有得奖，只要实打实地刻苦训练了，它对于代码能力的提升都是显著有效的。

回首在集训队的日子，无论是训练、比赛，其中充满着汗水和喜悦，也充满着自在和遗憾。我们在队里收获到了友谊、荣誉和知识，也收获了一段美好的记忆，以及未来之路的宝贵财富。

4.2　采访实录

4.2.1　户建坤专访

笔者 1：请问学长之前参加过哪些 ACM 的比赛？

户建坤：真正打 ACM 之前，我已经有一些较弱的 ACM 知识储备了，具体的比赛在我接触 ACM 之前也没有打太久，相当于是零基础入的 ACM 这个坑。

最主要接触的，像北航软件学院的，就是一些上机的题目，而上机的题目与 ACM 竞赛的形式其实是完全一样的，只是对所提要求的思维可能比当时我们那个题的难度会小一点。

……

笔者 1：既然学长是零基础，那当初为什么参加 ACM？

户建坤：对我来说，当然很大程度是兴趣爱好，也有一点儿想法就是这个比赛别管我热爱不热爱，打完这个比赛肯定对我的能力有提高，当然也没有功利化到对我的简历有提高，那个时候大家都不会想那么深。就类似于你不喜欢跑步，但是你知道跑步会对自己的身体健康有好处。

笔者 1：您觉得打 ACM 的初心重要吗？

户建坤：这个问题其实越到后来越重要。因为当你坚持不下去的时候你就会想自己为什么要参加。这一点我和我的队长分歧就挺大的，我的队长是那种最单纯的兴趣爱好，他高中就在搞。我的另一个队友也是，他们两个就是觉得很有趣，包括大家聚在一块儿商量题。但我后来其实是有点消极的，就觉得好累啊，打不动了，就像有任务量压着，脑子也不想转了。

但是打 ACM 真的对我们后续的发展有很大影响。当我做一些别的事情时，我感觉到了这个带给我的能力，这个能力已经足够用于干一些其他事情了。但干这个这么累，又没人给我钱，还老是可能被一些更牛的人虐，因此我就有些动摇。

……

笔者 1：听说学长已经保研清华了，请谈谈 ACM 对你保研有什么影响？当时是直接给实验室的老师投了简历就要了？

户建坤：我在找实验室的时候，其实我那个简历写得不怎么好。但简历里面有几个银牌和铜牌的奖项，还包括我以前参加数学竞赛得的北京市的一等奖。我就觉得老师肯定会见我的，于是就发了。ACM 竞赛经历就相当于敲门砖，如果你打出了一定的成绩，并且有一定能力，ACM 会让你在很多事情上顺风顺水。

笔者 1：除了敲门砖之外，还有其他好处吗？

户建坤：还有机试，保研肯定会有机试的。这个机试真的就是和 ACM 一脉相承的东西。如果有 ACM 竞赛经历，你的机试就不用担心。

······

　　笔者 1：刚才说了好多 ACM 对你好的方面的影响，比如保研之类的。你觉得有没有什么反方面的影响？

　　户建坤：应该有，比如说我现在的工程能力就不是特别强，因为这个 ACM 就相当于抽象出来了一个环境，你只写逻辑就行了，不需要搭服务器，也不需要去妄图编译一些莫名其妙的东西。

　　比如说你去公司，公司的网站如因特网，它肯定要搭一个代理。我刚去的时候"代理"这个名词都没听说过，都是因为打这个比赛养成了翘课的毛病，或者觉得只有竞赛有意义，而网络那些知识到用的时候再看就行了，所以导致我在大学就没怎么学那些知识。就是说，我的好多计算机方面的知识，类似于翔哥的计算机导论课上面讲的东西，我都不太懂。我可能跟高中生一样，你让我去加那个路由器，都是别人帮我装的，你让我自己装我都不知道输啥。

　　还有一个方面就是数学基础。如果你不打 ACM 而去搞其他的，那么你的数学、线性代数、概率，等等，尤其是概率有一些体系，就会学得更扎实一点。但因为 ACM 算法竞赛本身是偏重于脑筋急转弯加编程能力的一个竞赛，它会让你忽略掉很多数学功底，标准的数学工具的功底和计算机领域的一些工程性知识，都会受到一定的影响。

　　笔者 1：虽然这些受影响了，但是在你后期学的时候，之前很努力打 ACM 的学习能力会不会对之后有很大帮助？

　　户建坤：对对对，这就是大家为什么要一直推广 ACM，包括高校、社会上都很认可，确实会有能力的培养。其实都差不多，你真正搞工程的时候，走一遍流程也都会了，而 ACM 的这些东西，想法逻辑和敲代码的能力是不会很快就会的。现在回想起来也就是刚去公司的时候难受一点，或者刚开始一个新项目搭环境，可能老司机们就两三天，而我要琢磨一星期。但是一星期之后，当我去把自己的逻辑体现到那些科研代码上去时，我发现我是比他们快了。所以总体来说，虽然它会让我丢掉一些东西，但是它带来的好处还是挺多的。

笔者 1：就是回来找也比较容易找回来吧？

户建坤：是的，特别容易找，因为都是相通的嘛。还有就是 ACM 提供给你一个环境，这个当时是教练还是谁和我说的：为什么这么多人还在打 ACM，就是因为你如果不打 ACM，你很难找到一件事情能让你夜以继日地奋斗，还有那么多人跟你一起共同讨论。打 ACM 其实就提供了一个非常非常好的环境，你可以为了具体的一道题，相当于给了你一个锻炼自己能力和写代码的理由，还有好多牛的人在前面带着你。所以大致就是这个感觉吧。

笔者 1：我很好奇，你刚才说为了 ACM 夜以继日，就是各种熬夜之类的吗？

户建坤：首先熬夜不熬夜不好说，但是你一天耗进去是很正常的。打 ACM 集训那两个月，我们集训队三十个人基本上每个人都是这样的，而且这十二个小时很好分配，特别简单，刚去了打五个小时比赛，然后上去一个人讲两个小时题解，只剩五个小时，这个时间根本不够你把题补完，所以，陷入这个圈儿之后你就不会觉得时间长，只觉得一直在干活都干不完。当然这个好处就是一直高负荷地锻炼自己的能力。

熬夜还有另一个说法，就是很多比赛是在晚上进行的，因为有时差嘛，就我打那个 GCJ（Google Code Jam），打完都凌晨四点钟了，之后又特别兴奋嘛，再聊会儿天，就聊到六点了，出去的时候天上又有太阳又有月亮，特别感动。

笔者 1：身体真的可以吗？

户建坤：也没有我说的这么严重了，就是会划水嘛，很有可能过两天就去玩了，或者你看我是九点到九点待到那里的，实际上我有两三个小时在玩手机看动漫，看暴走大事件什么的。

笔者 1：还有一个问题就是，你如何权衡学习和 ACM 之间的关系呢？

户建坤：对对对，其实我现在也权衡不好，你可以做一个统计，就是真正出成绩的，不说我们拿银牌的了，真正得金牌的那些人，队里至少有一两个吧，他们肯定是丢掉了自己的学业，丢掉了自己的所有事情，专心在搞这个事情。所以说权衡，其实都是套路，都是假的，根本不可能权衡。（笔者1：就到考期的时候——）对，其实没有大家说的通用的权衡方法。有一些技巧就是，我订一个学习计划，使劲儿把学习计划完成之后我就再也不想学习那方面的事儿了，比如完成了老师布置的作业我就不管了，然后剩下的时间我就全部投入到 ACM 里面去，这是一种权衡时间的方法，但是具体的标准，其实我也是权衡不好的，如果我真的权衡好了，那我们就是金牌了，所以这个都是相对的。

……

笔者1：有了队友之后，队友之间的训练和自己的训练怎么平衡，或者说有什么区别，会不会和队友一起做题？

户建坤：当组成队之后，首先提高最明显的是训练量，队友之间互相监督，以前是一个人，水了就水了。队友老喷你，就说别玩啦，特别是如果我队友就是我室友，就更完蛋了。

……

笔者1：那你和队友参加的第一个大型的比赛是什么？当时有没有什么有趣的事情？

户建坤：我们先接触了一个中国的区域赛，不是 ICPC，是 CCPC，让我们先感受一下。那次比赛我是敲的第一题，当时真的很紧张，因为现场好多人，你就是个大二小孩儿的队往那儿一坐，过第一题交的时候，心里就嘀咕"我这对不对呀"，你平时有信心，没有经验嘛，万一我交错了呢，或者我忘了保存文件就交上去了呢，你不知道。我敲的第一题，但是第一题一般都是水题，我敲完之后就过了，一下就过了，就想"哎呀，还是我比较牛吧"。就类似于你去打一场陌生的篮球比赛，当你投中了第一个球时你就会慢慢地不紧张了，也就那么回事儿。

第一次比赛，确实过第一题之前很有压力，有点儿慌，我可能就是手抖,你想象不到的。当你过了第一道简单题之后你会逐渐地顺一点,而到最后你想不出题的时候你就会更紧张了,因为时间压迫感,然后你会比平时更容易自暴自弃,会想:哎,算了,这次就这样吧,回去再好好想,从头再来。这种负面情绪会比以前更容易来,会更依赖于队友,更容易向队友撒娇啥的,"哎哟,轩哥我实在想不起来了",类似的都会有。但是,第一次,印象还挺深刻的,我们第一次因为结果很好,拿了个银牌,还是挺高兴的。

笔者 1:赛场的氛围大概是怎样的?

户建坤:赛场氛围很有趣,为什么呢?题有趣,题面儿有意思,这是其中一部分。题目会有背景描述,就是整套题会很有趣,出题人想尽办法让你觉得有意思。就是大帝,李珹他是认为自己英语很好的,那么英语单词很少有他不认识的,当时不认识的单词不能上网,要用字典查,就他读了半天前两行全是不认识的,查一个单词什么"伏地魔",名词,再查一个单词,什么魔法的名词,他后来炸了,直接翻到下一页发现这是一道水题。周围人的反应也很有意思,会自然流露出来一些情感,比如队友之间嘲讽什么的,"这么菜"什么的。本来就是三个人的比赛嘛,你说一句我说一句就会有一些扯的成分,再加上现场的氛围,比如说一百个赛区吧,主要还是年轻的感觉。还有一个必不可少的氛围是插气球,大家都知道的,气球升起来之后那个赛场就会看着很好看,包括还会有人玩气球,升起来玩那个气球,还会有气球突然绳断了,飞上去的,那个赛场氛围基本上有趣的部分就是这几个。关键就是紧张,大家敲键盘声音都特别大,敲得都特别狠。

笔者 1:我之前进过一次校赛,在我前边就有一个大佬——

户建坤:嗒嗒嗒是吧?真正到那个时候大家都是这样的,而且那个键盘,反正声音都特别大,确实能听见。集训的时候更坑,我印象最深的就是我一年级,大帝他们拿一块机械键盘在那儿敲,李珹他们手速,当时可能他们在前面坐,我们在后面坐,听了都很吵。后来我们的解决办法也很简单,我们也拿了个机械键盘。不过比赛的时候是主办方的键盘。

4.2.2　史烨轩专访

笔者 1：请问学长之前参加过哪些 ACM 的比赛？

史烨轩：参加的比赛其实挺多的，包括 2015 年的 ACM 北京站和 CCPC，这两年的 google code jam、百度之星、计算客，还有就是近两年的 ACM，包括青岛站、沈阳站，再有就是 CCPC 的安徽站。

笔者 1：就是差不多都去了？

史烨轩：对。

笔者 1：那你得过什么奖？

史烨轩：奖嘛基本上是银奖吧，应该是四个银奖一个铜奖，铜奖就是那次北京站是铜奖，其他的安徽、沈阳、青岛和南阳都是银奖。

笔者 1：你为什么参加 ACM？

史烨轩：感觉 ACM 比较锻炼人的脑子吧。

笔者 1：就是想锻炼一下脑子？

史烨轩：对对。

笔者 1：那你觉得 ACM 对你有什么影响呢？

史烨轩：我觉得打 ACM 就是经常做题，首先对课程是有益的帮助，像算法课、数据结构课，学起来就比较轻松，包括现在找工作，很多笔试题也是类似于 ACM 竞赛的那些形式的，做起来也会非常轻松。

笔者 1：你在大学参加 ACM 之前是有基础的还是零基础？

史烨轩：我之前是有基础的，高中也参加过信息学竞赛。

笔者 1：所以上大学后直接选择了走 ACM 比赛？

户建坤：他是保送的，都没参加高考。

笔者 1：厉害啊！既然这样，你对也想选择 ACM 的学弟学妹有什么学习的经验要分享？

史烨轩：如果想打 ACM，首先就是找好队友，感觉队友是非常重要的，队友需要经常在一起训练，多训练队友之间的配合，比如看到一道题就知道这道题应该给谁做。

笔者 1：接下来分享一下，你是怎么训练的吧？

史烨轩：嗯，如果一起集训有比较厉害的学长，可以找学长推荐一些好的套题，也可以自己去刷专题训练，就是感觉自己哪块儿不太强就可以——

笔者 1：你在日常训练中有没有好的学习方法之类的？

史烨轩：学习方法就是多做题，还有就是多和队友一起训练，和队友一起训练的话要比你一个人训练效果好一点，大家也能互相督促吧。

笔者 1：下面聊聊关于比赛的事情吧。

笔者 2：比赛的时候你是负责哪方面的分工？

史烨轩：我就是负责想题吧，我看到一道题，就想一下，会做了，就告诉建坤，这道题怎么做，然后他去写。

笔者 2：刚刚你说你选择 ACM 是锻炼自己的脑子，就没有一点点兴趣爱好吗？ 你队友说你们是纯兴趣的。

史烨轩：这个确实是比较有意思的，如果一道题从你不会到想出思路再到把它做出来，这个过程是非常开心的。

笔者 2：如果一道题始终做不出来怎么办？

史烨轩：看题解。

户建坤：如果找不到题解呢？

笔者 2：比如在比赛过程中怎么都做不出来。

史烨轩：做不出来那就只能先放着吧，之后是可以去问一下比较厉害的同学，这个过程也能学到很多东西。

笔者 2：你刚刚说你觉得自己学习比较好——

史烨轩：我觉得我学习不好。

户建坤：你学习不好是跟 ACM 有关系——

史烨轩：我学习不好跟 ACM 没关系，是我自己学习不好。

户建坤：你学习不好是因为你基础不好还是大学不想学？

史烨轩：可能是因为大学没有人管就玩得比较多吧，平时大家一起训练能强迫自己不玩，但是如果不去那就接着玩了。

户建坤：也就是说，ACM 其实和你的学业并没有冲突，你要是不打 ACM 你连学习都不想。

史烨轩：对对对。

户建坤：这个挺有参考意义的。轩哥他说他学习不好，但是最后直博了。再补一个问题，就是你感觉高中的信息学竞赛跟咱们打 ACM 哪个有意思，有什么区别？

史烨轩：大学时首先是三个人可以一起做，可以有一些讨论。而高中是自己一个人做，如果没有思路就很难做出来；大学是从刚开始三个人都不会，然后你一句我一句最后就做出来了，感觉这个过程非常有意思。

户建坤：事实上，你是不是有这种感觉就是，高中干一些事情能够静下心来好好地去学，大学我们一块儿打的过程中可能有一些浮躁或者偷懒，而没有高中那样静下心来训练。

史烨轩：主要是我觉得高中可能老师管得比较严吧，如果能偷出一些空来看一些算法就感觉非常幸福了，所以就能静下心来去学，而大学就是一不小心就去玩了，三个人可能看一点儿题就去做别的事了。

户建坤：其实轩哥现在还要再打一年。新的一年换俩新队友会有什么调整或者有啥希望？

史烨轩：队友——他们两个也去实习了吧，最近训练得也不是很多，就只训练过一次。

……

户建坤：我感觉后面几场比赛都是我坑。

史烨轩：也不能这么说吧。

户建坤：你感觉 ACM 银牌和金牌差别大吗？在你平时的生活里。

史烨轩：差别还是挺大的，你必须要做出一道偏难的题才能拿金牌。

户建坤：我说的是实习时大家问起来时，除掉自己的心理障碍，会不会因为你只是银牌不是金牌,某公司就不想要你了?

史烨轩:这个可能分公司吧,有的公司可能对这个不是很了解,觉得有银牌就非常厉害了。但是有的公司就觉得不是金牌就不行。

户建坤:那怎么办呀? 我也不能再打一年。你有没有觉得我们最后一年的实力其实还是挺强的?

史烨轩:是啊,其实,实力还挺强的。

户建坤:那次晨豪想了好几道题,不知怎么就没有敲出来?

史烨轩:怎么没有敲出来? 那该问你呀。

户建坤:那怎么办呀? 我这一辈子都要背着这个坑。

史烨轩:其实也没事吧,还好。

4.2.3 李晨豪专访

插曲:笔者1递上酸奶,这是你队友(户建坤)特地拜托我给你买的,说你比较喜欢喝酸奶,浓浓舍友(队友)情。

笔者1:首先介绍一下自己吧。

李晨豪:我叫李晨豪,是北航软件学院大四的学生,得过的奖项有ACM - ICPC 亚洲区域赛的五六块银牌,但一块金牌都没有,非常的菜。

……

笔者1:那有没有个人比赛得什么奖?

李晨豪:个人比赛,大概参加过一些公司举办的算法竞赛,比如说Google 的 Code Jam 年度算法比赛,拿到了一个 Top500 的名次吧,就是没有拿到前25Final 的奖项。

笔者1:你认为 Top500 能够体现怎样的能力呢?

李晨豪:Top500 就是能够将基本算法运用得非常熟练,知道算法的内涵,能够解决实际问题。

笔者1:和 Final 之间的差距是什么呢?

李晨豪:先说一下这个比赛的人数吧。这个比赛每年注册的人数是有 30 000 人，是全球性的，最后 Final 是 25 人，基本上参加过 Final 的人的 ID 我都会有印象，大概就是这样一个存在。

......

笔者 1：那你为什么选择参加 ACM？

李晨豪：我为什么要参加这个比赛？其实刚开始是想尝试一下，后来是觉得这个非常有意思，然后就参加比赛了。

笔者 1：想要尝试一下？那你是高中就有竞赛经历，还是到大学才接触编程？

李晨豪：高中有一些 C 语言编程的能力，但是竞赛能力算不上，上大学后才认真参加竞赛。

笔者 1：这样啊，你认为在这个过程中有没有一个人影响了你，如果有，具体是怎么影响的？

李晨豪：影响的人很多，比如说没有见过面的，只知道 ID 而不知道真名的很多很厉害的人，通过看他们的代码或者是看他们参加一些比赛的成就，通过直播看他们解决问题的神情。认识的人，我印象比较深的，大概就是北航历史上非常强的一个人，虽然他是 12 级的，就只比我大一届，但是世界级选手，他不仅自己训练非常刻苦，还能为集训队做很多事情，为北航集训队积极创造条件，同时关心每个队员的成长，帮助大家解决一些问题，指导大家。

笔者 1：之前你们团队的故事我大概了解过一点，对于你们的另外两名队友，你对他们有没有最敬佩的地方？

李晨豪：一个一个说吧，我的队友分别是户建坤和史烨轩。户建坤，我最敬佩的是大二的时候，他每天早上很早就能起来，去自习室学习，他有自己的作息，有自己的节奏，因此觉得他非常厉害。史烨轩，因为我们不在一个系，平时三人训练的时候才会在一起，他的心态特别好，他很难会因为比赛中暂时的落后或者失利影响自己的节奏。

笔者 1：你和你的队友们比，你强在哪里，弱在哪里呢？

李晨豪：我们三个人，因为每个人的能力不太全面，个人有不同的擅长的算法方向或者是实际解决的题目类型，因此很难说谁更厉害。

笔者1：你觉得哪次比赛给你留下了最深刻的印象？

李晨豪：(留下)最深刻的印象的应该是第一场比赛和最后一场比赛。第一场比赛最深刻的印象是由于当时非常缺乏经验，到比赛最后一个小时还有题目知道怎么解却没有做出来，当时心态非常不稳定，非常紧张，就是回车键跟退格键都看不清楚，有点夸张，大概就是这个样子。最后一场比赛当时就是想着拿一个金，我们也有这个实力，但是那场有很多小失误，最后没有实现，这些都比较难忘。

笔者1：有没有趣味性故事分享啊？

李晨豪：因为比赛比较紧张，只有平时训练的时候会有一点趣味性。

笔者1：平时训练有什么趣味性故事呢？

李晨豪：大家都知道比赛会有很多道题，是 A、B、D 这样分开的，有些时候如果是三个人自己看自己的电脑，可能就会因为交流不当，两个人同时做了同一道题目。比如说第一个人已经把 C 题做完了，然后过了一会儿第二个人说我会做一道题了，我不用讲了，我去做，最后发现他把 C 题又做了一遍。

……

笔者1：感觉你都可以保研了，你平时学习很不错吧。

李晨豪：我平时学习其实挺偏科的，需要背的就不行，不背的就还行。

笔者1：那你平时有没有注意 ACM 和学业的平衡呢？

李晨豪：其实挺平衡的，因为不平衡是在于没有时间做另一件事情，而我没有那么刻苦，我做了两件事情之后还有剩余时间，我就玩别的，所以说不会有这个问题。

笔者1：你觉得打 ACM 对找工作有什么影响？

李晨豪：参加了 ICPC，一般公司会有两种不同的解决方案。一种，如果是公司面试官算法熟悉非常厉害，他就会说你参加算法竞赛了，那么我就不能出简单的算法问题了，就应该出难一点的。于是这个时候面试难度就会上升，当然这对最后通过面试是否有影响暂且不论，因为面试毕竟不是考你到底能不能做出来他的问题。另一种，就是说既然你参加过算法竞赛，那么我接下来准备的算法题目肯定也会了，那么我也不需要问了。因此，不管是哪一种影响，你都没有用上 ACM 这项比赛带来的便利，所以说这个影响到底有利还是有弊不太好说。

笔者 1：ACM 在工作上对你有什么影响？

李晨豪：总的来说，你在 ICPC 里面学习到的算法，工作上能用到的、用到过的大概就只有二分跟排序，其他从来也没用到过。

笔者 1：嗯，那你为什么要参加 ACM 呢？它只能得一个奖，保研可以加分但你没有选择保研，而它对面试和工作都没有什么影响。

李晨豪：因为它有趣并且有挑战性，能够使你花一段时间去找到一种努力的感觉，并且最后总的来说它还是有意义的，为什么呢？解算法题是一个解决问题的过程，能让你学会看待一个问题的正确思路，可以说是一种比较泛化的能力的提升，我认为是这个样子。

笔者 1：那你有没有什么话对现役的队员或者是没有参加的同学说？

李晨豪：对现役队员，就是说好好做个人训练，好好提升自己，水平比什么都重要。然后对没有参加过的同学们，这个东西没有你想象的收益那么高，你有兴趣就快来参加，如果是为了参加比赛，获得什么功利上的东西，那么这个反而不是一条捷径。自己有什么目标，就直接朝着那个目标，保持该有的心态去做就行了，不用参加这个东西。

吐槽：补充一句，这个人是个学痞，不用好好学成绩就很好。

4.2.4　钟金成专访

笔者 1：首先介绍一下你们队吧，你们队叫什么名字？

钟金成：中文名叫复苏，这是一个死宅取的名字，有一首日文歌名字叫 Resuscitated Hope，然后我们就沿用至今也没有再改了。在 OJ 上集训排名里面,可以看到我们的排名非常地惨烈,大概是因为我当时太菜了,大家也好菜,排名就很惨。

笔者 1:你这个暑假还要参加那个集训队吗?

钟金成:对吧,这个暑假我会更加认真一些。

笔者 1:你在队伍里面的定位是什么?

钟金成:目前来看是端茶送水型的人,题目翻译者。大概就是把题目翻译翻译,看到差不多,报一点错误的题意给队友,然后大家就卡住了,目前是这样的情况。我现在在队伍中其实并没有非常强大的作用,就是一个划水的。

笔者 1:哈哈哈,大佬还是太谦虚了,那谁起主要作用?

钟金成:我们队的问题就是三个人开了三道题,然后三个人都过不了,很尴尬,更多来讲在比赛中应该是,把题目留给胡智昊来写,因为我们的自信差一点,就不太敢写,我们就来看后期题、中期题。现在我们三个人都差不多,没有特别明确的分工。不过等我们更强一点,就会有分工了。

笔者 1:不过你们才大二,还有很多提升时间的。

钟金成:其实我们的 ACM 生涯已经接近尾声了,今年打完不知道明年还会不会有,今年打完,明年应该是最后一年。

笔者 1:你们队都参加过哪些比赛呢?

钟金成:各个学校的校赛我们都参加过,然后是两场局域赛,CCPC的杭州和 ICPC 的大连。

笔者 1:那你们都得什么奖呢?

钟金成:在大连很遗憾地干了个铜,然后在杭州非常运气地拿了个金。

笔者 1:感觉你们还是很厉害的。

钟金成:大概是运气啊,比如前面的队都过了 7 个,我们只过了 6 个,拿了金牌线的最后一名,感觉运气就比较好。

笔者 1：感觉挺厉害的，毕竟是金牌。

钟金成：大概还有一个原因，就是那个赛区可能强的太强了，弱的太弱吧。可以理解为顶尖战斗力都在那里，但是数量比较少，大部分强者都没有出现，然后金牌又发得比较多，就发下来了。

笔者 1：那你们除了 ACM 区域赛还参加过什么比赛？

钟金成：个人参加过一些 Code Jam、百度之星之类的，还有蓝桥杯、Top Coder 之类的，个人赛成绩也不是很好。今年还算运气比较好，目前还没有被淘汰掉。比赛分为 Round 1、Round 2，每一轮都会有前多少名晋级，没有进去，你就被淘汰掉了。

笔者 1：你目前得过什么奖啊？

钟金成：目前最好的奖是 GCJ 的 Round 3，一共就之后的 3 个 Round 和一个 Final，蓝桥杯今年进了国赛，还没有开始打，去年比较惨。

笔者 1：这样啊，你为什么要打 ACM 呢？

钟金成：开始接触的时候只是觉得这个还是蛮有意思的，比打游戏有那么点意思。它也能给予一些及时的快乐，A 题还是很爽的。然后就入了这个坑，入坑之后就会有退出的成本了，就不想退出了。觉得这个可能也挺好的。当然 ACM 这个东西比较容易激发人的上进心，如果不干，在闲暇时间只有颓废的样子，那还不如好好干一个。

笔者 1：到现在为止，你觉得你在打 ACM 的过程中最大的收获是什么？

钟金成：除开和队友之间的友谊这个方面吧，（打 ACM 对）个人的技能会有很大的磨练，比如说，现在很明显的可以感受到自己的水平一年比一年有所提高。刚开始的时候可能 A 加 B 都要错好几次，而现在大部分中档题也能很容易做出来，面试题基本上都能够干掉。然后功利点说就是可能还有一个综合量化加分。

笔者 1：我感觉你已经很厉害了，打 ACM 排名很靠前。

钟金成：其实并没有吧，那只是个假象。

186

笔者 1：大一的时候课很多,你是如何保证学习和 ACM 兼顾的?

钟金成：我觉得这已经不是第一次说这个问题了。我并没有很多课。大二开始以后,大概就是你每天除了把课业干完,然后就要去刷题,并没有很多其他的娱乐时间,其实你的课业的内容都是被拖欠着,(被 DDL)追着跑。

笔者 1：但是感觉成绩还是很好呀?

钟金成：清华程立杰同学的一句话,大概(考试)这种东西考前一个月干一干,你也能拿个很高的分。

笔者 1：就是说平时还是把大部分精力用在 ACM 上,考试什么的就考前临时补一补吗? 在你 ACM 经历中有没有一个人影响了你或者是给了你很大启发?

钟金成：这是我比较尴尬的,因为在我个人提高的整个过程中,比很多 ACM 选手差了一个环节,就是没有一起提升的小伙伴们,更多的是自己闷头刷的样子。可以说是各位前辈的鼓励,给了我很大帮助。

笔者 1：接下来谈一下平时训练的细节吧,你平时和队友怎么训练呢?

钟金成：说到训练,我们目前比较混乱,组队训练是这学期才开始的,大概目前保持一周一场的样子,就是每周都会有一场组队训练,然后,个人训练一般就是每场 CF 都做,然后每天找点题做一做。目前我们队内有一个计划,就是每周做七道 CF 上 AC 人数 500 左右的题。然后我再补个人专题,穿插在平时训练中,没有特别规范的安排。就是多做题,不要做水题,多做一些有难度的题。

笔者 1：CF 每周那么多,比赛后会补题吗?

钟金成：我们 CF 还有组队训练都是会补题的,都会视自己的能力尽量往前补,一般来说可能会有一两道题,觉得当前阶段不可做,就扔掉了,有可能以后再来补吧。

笔者 1：你们组队赛不是做 CF,那么是做什么题呢?

钟金成：团队赛就是选做去年各个赛区的 Reginal，目前主要做的是欧洲那边的 2016、2017 的比赛，现在就有 Rejudge 类似于虚拟参加的一些功能，会模拟比赛的场景和比赛的榜之类的。

笔者 1：对于你的队友，你觉得他们有什么优点？

钟金成：胡智昊很棒啊，他很强，初中就开始干这行了，现在依旧很厉害，之前一直希望自己的代码能力比他强，后来我觉得好像很难啊，到现在都没有实现。至于蒋永波这个同学，我就不知道他高中到底学了什么啊，感觉他高中学和没学没什么区别啊，现在就是我和蒋永波非常努力地在进行个人训练。我感觉就是胡智昊非常强，蒋永波现在也很强，他毕竟还是比较努力的。

笔者 1：你们三个人的小队第一次参加的大型比赛是什么？

钟金成：第一次参加的是大连区域赛。参加大连赛的时候，我个人是非常紧张的，不知道他们是什么情况，当时真的好紧张，紧张得说不出话，那场比赛我就做了一道水题，就躺在地上了。然后就看着排名一点点掉，可能因为胡智昊比较冷静，前期我们过题也比较快。我还记得比赛前期的时候还能在金牌线以内。但是两个小时以后好像再也没有出过题了，然后就一路掉掉掉，非常沮丧，当时感觉就是我好弱啊，怎么这个样子呀，好像一个题都不会做，就是这个感觉。

笔者 1：那你们赛场上大概是什么情况，有没有吵架之类的？

钟金成：赛场上有争论是很正常的，如果有激烈的争吵，一般作为队长我会出来协调一下，但是目前应该还不至于出现这种情况。不过，比赛后，比如说成绩不太好，大家心情也不会很好，队伍的情绪控制方面还有待提高，一些消极的情绪带到赛场上，就会产生不太好的结果。

笔者 1：那个胡智昊是最厉害的，为什么你来当队长呢？

钟金成：当时就是说最菜的出来接个锅吧。

笔者 1：队员和队长有什么区别吗？

钟金成：大概就是要干点杂事什么的，安排一下训练，顺便处理一下队伍的财务啊什么乱七八糟的,还有负责看一下车票啊机票什么的,或者是安排一下训练,督促一下队友之类的。大概是一般队里比较上心的来干这个事情。

笔者 1:参加这么多场比赛有没有什么有趣的事情,给你留下深刻印象?

钟金成:比较有趣的事情,就是我们在杭州的时候觉得已经 GG 了,大家当时情绪都要爆炸了,大概又是三个小时都没有出题,我当时内心也是比较生气,就是有一种很无力的感觉,当时好像教练在出成绩之前还打电话安慰我们来着,然后不知道怎么回事,最后算完了我们刚好是金牌线的最后一名,也是运气好啊。

笔者 1:也就是说你们做出来的题其实都是前两个小时做出来的?

钟金成:其实是这样的,我们当时就是太菜了,到中期题,胡智昊一卡住我们基本上就没有办法出题了,今年我们比较强调自己的中期题能力,可能会比去年更加强一些。

笔者 1:你们中期卡住了之后会采取什么措施呢? debug 还是眼看?

钟金成:这个时候你根本没有东西可以 debug,因为你根本没有题可以写,大概就是大家一起挂机,一起干瞪眼啊,然后就没有办法了,这个是很绝望的。

笔者 1:不是说赛场上可以听到别人讲话的内容吗?

钟金成:虽然这样,但是你完全无法确定旁边就是比你更菜呀。我记得在大连的时候,因为我比较菜,大家也实在出不了题了,看到隔壁 AK 最后夺冠的 Q 老师突然说这个题大概是 15 分制吧,然后我就大概地传达了这个意图,但一整场我们都没有把这个送分题给写出来,虽然最后根据唐老师他们的说法,这个题其实简单地用树 DP 一下就可以了,但是隔壁 Q 老师像大炮轰蚊子一样就随便轰过去了,我们很绝望,所以听别人也不一定好,后来我们就不太注意旁边人在说什么,还是自己去想。

笔者 1:就是感觉你是转到我们系来的,最开始也没有什么基础,最后你是怎么变得这么厉害的？

钟金成：我记得去年一直在放弃不放弃的边缘徘徊，然后你坚持下来就可以了，大概很多人都不愿意坚持而已，看着就害怕，其实坚持下来也觉得没什么。

笔者 1：当时你为什么会想要放弃呢？

钟金成：因为你怎么一直训练都这么菜，怎么一直写题都没有提高，大概就是这个样子。这个很容易产生挫败感的。比如说第一次集训选拔，我没有进集训队，我们队没有踩线出战，抑或我们队没有踩线拿到金牌，可能现在就已经 Go Die 了。

笔者 1：是要排名达到一定要求才能出战吗？

钟金成：是的，最近赛区会比较多，一般来说去的大部分都可以出战，但是排名靠前可以选择比较好的赛区。通常你可以提前考察一下这个赛区的竞争力，比如说有些强队会不会去，你在这个赛区得到好成绩的可能性大不大之类的，包括还要考察一下出题人。排名靠后，你大概就没的选了。

笔者 1：和上海交大、清华比，我们北航还缺什么？哪些是可以努力的？我们比之前进步了什么？

钟金成：这个欠缺的好像很多，清华和上海交大是两个很典型的 ACM 模式，一个是个人选手实力型，一个是学校全员动员型。每年国内最强的选手都去了清华，学校可能也不是那么重视这个比赛，靠同学们的热情维系，但是他们个人实力实在是太强了，所以他们依旧是国内最强的队伍之一。今年的 Word Final，清华那个队伍是有可能夺冠的。至于上海交大，他们个人实力可能没有那么突出，但是学校的支持比较多，比如说会专门成立一个 ACM 班，有一套很成熟的训练体系，包括整个集训队有一些比较完善的制度。敝校呢，就是人又菜、学校又不支持，现在连个机房都没有，所以我也觉得敝校迟早药丸。

笔者 1：你有没有什么推荐的书籍、网站、论坛、题库给学弟学妹们学习？

钟金成：首先是《挑战程序设计竞赛》那本白色的书，那本书确实特别好，比较适合入门，把那本书刷完，你就已经是金牌水平了。但我现在还没有刷完，还差一点点。（笔者 1：书很厚吗？）其实是因为刷起来很累很烦，我现在也在很努力地想尽量在这个暑假把它做完。关于题库，那本书上面指定的 OJ 是 POJ，接下来 CF 会比较好，题比较多、比较新，比赛也比较多。

笔者 1：那你平时训练中有没有什么好的学习方法？

钟金成：我觉得我就是很不得法啊，就说大学零基础的人，最厉害的是巫泽俊同学，就是那本《挑战程序设计竞赛》的翻译者。他在入学的时候也是零基础，最后在研一的时候拿到了 Word Final 的冠军。比如说像北师大现在的 Q 老师，他现在作为 14 级的，今年大三，现在是去参加今年的 Word Final，也是零基础中比较强的人。零基础到现在像我还混得这么差的人大概也没几个了。大概就是我很不努力的样子，所以不要学我，应该更努力刷题，很努力就好了，（笔者 1：感觉你已经挺厉害了）但是我自己好颓废的，比如说一年要做 1 500 道题，但是我到现在一年大概能做到 1 000 道，我就觉得谢天谢地了。实际上 Q 老师的刷题量已经快到 5 000 了，刷的题你不会觉得很简单，大部分都是比自己能力难一点的。我最近一个月到现在为止也就做了 50 道吧，就最近一个月比较努力，感觉受到了警醒，大概就是训练的时候被别的队吊打了一下，感觉很难受。

4.2.5　李珧专访

……

李珧：这场比赛，经过了一系列的 WA，交上去 WA，然后改，WA 改……WA 就是 wrong answer，最后终于过了。但其实过了之后我们就只剩一个小时了，那个时候我们的排名已经是二十几名。金牌大概就是要前 18 左右，也就是说如果不再过一题，我们就没有金牌了。所以说在剩下的一个小时（40 分钟）内我们必须要再过一题。

那一题在我手上，也就是说那一题的知识点恰好是我会的那些东西，就是比较数学的东西，意味着这题必须我来写，但实际上我过了那道让我特别爽的题之后，我就已经准备躺了，我心里想，我已经做了我该做的了，剩下的就是你们（队友们）的事了，我已经躺好了。但是发现最后一道题又到我头上的时候我还挺绝望的，为什么又是我？但是当时没办法，我就上了，然而那个时候时间已经不够了，我用了半个小时写完之后，最后只剩 15 分钟。那个时候调不对样例，其实我只有一行改一下，然后就没事了，但是我没调对样例，当时又特别紧张，压力很大，因为这题过不了就没有金牌了。这个时候两个大大在旁边 BB 一道特别难的题，他们 BB 的还是对的，但是并没有什么用，于是我把他们拽过来和我一起看，但是并没有看出什么东西。

当时就是特别特别紧张，主要的压力就在于自己特别特别想拿这块金牌，但过不了这个题就拿不到这块金牌。而且当时昂神他们已经锁定前三了，因为我们当时认为和昂神的差距还不是特别大的，所以心里就有各个方面的压力，我敲键盘时手都在抖，特别紧张，但是比赛就这样结束了，我们最后也没有调出来。我们大概是银牌前 5 吧，过了那一题我们就是金牌了。事后，我再回来的火车上把那个代码码出来，再冷静下来看了一眼，就发现，欸，这一行我们加一个判断，大概 20 个字符吧，然后就过了（赛后，比赛题会被发到一个 OJ 上，然后我们就可以提交了）。

这个就是比赛时候的感觉，与平时做题不一样，压力比较大。所以这场比赛的经历特别难忘，至今我仍然忘不了这场比赛上的两个点：一个是我过了那个莫比乌斯反演，我觉得我学的知识、我的努力、我的训练都得到了回报，那个时候的感觉我至今都忘不了；还有一个就是我当时双手颤抖地在那调最后一道题的时候，非常绝望的那个感觉我也是忘不了。那一场过去之后，第二场我们的表现也不是很好，就是士气很受打击的。（感觉我说了这么多已经回答了很多问题了）就比如在我的 ACM 生涯中有没有什么遗憾？这就是我最大的遗憾。

那场没有拿到金牌，因为我在 google，身边有很多特别优秀的 ACM 选手，World Final 选手，甚至 World Final 选手都不算什么，而是 World Final 前几的选手。我连区域赛的季军都没有得过，而他们是 World Final 的季军，我都不好意思说我参加过这个比赛。一般他们参加过这个比赛，打招呼说，"哪年进的 Final 啊"，没有进 Final 的也会说，"没有进 Final，我只是有一个金牌"，然而我连个金牌都没有，我都不好意思说我参加过这个比赛，我觉得这个影响还是挺大的，影响社交。所以很遗憾，是的我没法承认自己参加过这个比赛，而这个就很有趣。

里面还有很多趣味性的故事，比如说为什么剑峰会把这道题当做 nlogn 的题？因为赛前他一直在做数据结构的专题训练，就是那种特别难的数据结构，他一直在练，练得也特别专长，所以他见到这个题第一眼就想到了他之前训练的题的那些做法，确实也能做，然后他就去想了，实际上是不需要的，也不能怪他，这个也是没有办法的事情。

再说一个趣味性的事情。那一场比赛的下一场，我们是去西安打。我们的辅导员觉得我们队很靠谱，就亲自带队出征，因为平时比赛都是我们教练带队，想我们现在比赛就是梁大大带队，负责后勤，比如车票、酒店、交接、吃早饭、集合、拿包、拿手机等，还有带大家出去玩之类的。

到西安后我们辅导员就带我们到处去吃，什么肉夹馍、羊肉汤先吃一遍。还有去那个学校，做了 29 站公交车还没有座位，特别破。去之前，教练和我们说订的宾馆是豪华温泉别墅，因此我们就毫不犹豫的要去这个赛区，去了之后发现那个豪华温泉就是一个瓷砖铺起来的正方形的水池，里面放着个水龙头，都生锈了，进屋子后我们都没把豪华温泉的水放出来。我们那个赛区去了特别多的队，一共 4 个队 12 个人，加上我们的辅导员 13 个人，我们所有人过去之后都感觉被坑了，只能在里面玩狼人杀了，这个就是赛前的事情。

赛场上，当时我们坐在那往观众席一看，就看到我们的辅导员坐在那，(问：旁边还有观众席？)比赛场地是在一个体育馆中间，旁边的就是观众席，一般都是教练、志愿者坐在那里，没什么别的人想看，一堆人在那写代码有什么观赏性啊，还不如看榜看文字性直播有观赏性。辅导员在旁边看，其实我们还挺有压力的，打不好回学校怎么交代啊！而当时确实没打好，我慌得要死，赛后不好跟辅导员交代。但是，赛后辅导员也没有怪我们，确实也没有办法，比赛的发挥确实是有好有坏。

这是我打的第二年，也是打得最认真的一年，第一年就是打着玩的，像旅游一样的，去别的地方打比赛就可以去旅游了，感觉很棒。有一次我们去杭州打比赛，下一场是在南京，就隔了一个星期，我们就没回学校，在杭州和南京玩了一个星期，非常爽，我们当时打得一场比一场好，其实本来我们就没报什么希望，因为上一级的学长就打了个铜牌，而我们觉得他们很棒，因此觉得我们打个铜牌就不错了，然而我们第一场就打了一个银牌，就感觉很棒。

这里还要补充一个有意思的事情。比赛的最后一个小时会封榜，就是你看不到排名的变化。封榜的时候我们是银牌的边缘，大概就是银牌的倒数第三，只要有三个队超过我们，我们就是铜牌了。当时我们就想银牌肯定是没戏了，封榜之后我们也没过题，肯定会有三个队超过我们了，当时就觉得铜牌就铜牌吧，也不错了，毕竟是第一场嘛。之后颁奖的时候，先报获得铜牌的队伍，可一直报到最后也没有我们队，我们就突然跳起来了，那个赛区还有好几个朝鲜的队参加，颁奖典礼的时候，那几个朝鲜的队伍都回头看我们像看到几个怪物一样，那一场我们北航一共去了三个队，一个队是我们学长，一个是我们，还有一个就是董适，三个队紧挨在一起，银牌倒数第一第二第三，那一场超欢乐，拿了三个银牌回来，美滋滋的，感觉特别爽。回来之后我们立马吃了一顿火锅，因为得奖之后是有奖金的，一个队 500 块钱。

在这之后还有一场，那一场我们打的也特别好。第二年我就觉得我们应该可以冲一下金牌，然后就发生了这样一个故事。第三年，我们就开始实习了，我在 google 实习，其实我也没有放太多经历在这上面，因为我在申请出国，说实话，再拿一个金牌对我的帮助也不是很大，需要我们投入很多时间，投入之后也没有那么大的帮助，所以我第三年就没那么努力了，所以第二年是我打得最好的一年，印象最深刻。

……

李珣：平衡好算法竞赛和平时的学业，这是个好问题啊，这个问题特别好，因为平衡好算法竞赛和平时学业超难。

笔者 1：其实啊，问的大部分人，他们都说，平时搞算法竞赛，考期的时候搞学业就可以了。

李珣：对，是这样的，尤其对软件学院（的学生）来说是这样的，因为软件学院的课程不是很繁重。但因为我要出国所以平衡的事情有点多，GPA、英语考试、实习，等等。

笔者 1：如果你拿到 offer 成绩应该挺高的吧。

李珣：我是我们大班的第二，我的 GPA 是第一，但是我平均分是第二。我们级有一个人，他是能考 100 绝不考 99，而我是能考 90 绝不考 91 的，因为我只需要 GPA，所以 90 就可以了。我成绩没有他牛，他现在在清华非常牛，很佩服他。就比如大学物理，我考了 95 是大班第二，第一肯定是他。我就问他，他说，诶呀不好说，我考了 99。本来第二挺高兴的，感觉挺不错，但是听到他比自己高了那么多就很气。

其实，平衡算法竞赛和学业还是得看个人的选择，因为一个人的时间毕竟是有限的，不可能不睡觉天天搞这些。对我来说，算法竞赛没有其他事情重要，比如出国这件事情。所以我在算法竞赛上的投入相对来说会少一点，我没有赵轩昂他们投入那么多，所以后来我的 ACM 成绩没他们好，也是预料中的事。而这取决于你个人更希望在哪些方面取得成绩，如果想在算法竞赛得银牌，就不用花费那么多时间，但是如果想拿金牌就不一样了，我个人做的选择是，第二年为了金牌冲一年。那一年我投入的特别多，甚至为了集训提前了我 GRE 的考试。那一年之后我就没有那么拼了,我把更多的时间放在了平时的学业和实习上,ACM 就相当于一个"娱乐项目"。所以说,这个还是要想清楚自己希望在那个方面获得成绩。当然,不论哪方面想获得成绩,努力都是必须的,但是之后自己怎么平衡就是个人的选择了。

选择算法竞赛,你可能就会成为董适,全靠算法竞赛走上人生巅峰,他的 GPA 是垫底的,还有挂科,他和一个优秀学生的形象怎么都不沾边,但是他现在就是很出色的一个人,所以全靠算法竞赛也是没有问题的,只要一路坚持下去。但是你只是搞算法竞赛玩玩也不是不可以,你会发现软院好几年的年级第一都在集训队待过,有的待了一会就走了,有的一直在这里,但是其实算法竞赛是很有帮助的,尤其是对软院的学生,首先,编程能力本身对你的学业就有很大帮助,然后还有加分免考什么的,就很爽。你所牺牲的就是不能搞一些项目还有休息的时间,比如暑假你就得待在机房还没有空调,很辛苦也很痛苦,所以平衡真的超级难。

ACM 对后期工作有什么有利的影响,刚刚已经说过了,影响最大的:一个是你的能力,ACM 能帮助你通过面试;还有就是在公司的表现,ACM 能让你的代码能力变强,很容易获得认可。

笔者 1:但是进公司应该是做项目,而算法竞赛和做项目之间应该是有很大区别的?

李琜:对,很多人都会这么觉得,确实是不太一样,但是代码能力,在你写过很多 code 之后,不停的 WA、TLE 的这个过程中,你会积累很多经验,你会知道自己的代码哪里出问题了,可能瞬间就能定位到自己哪写错了。并不是网络流怎么写,线段树怎么建,更多的是经验。就是说,代码写多了你就会了解代码怎么写更好,更优。工程也是一样的,其实所谓的工程很多都是比较简单的代码,但是写得正确也不是一件很容易的事情,所以说算法竞赛让你积累了很多经验。其实这和项目是一样的,练多了你就会发现自己确实写的比别人好,能力比较强。

还有一点就是 tricky,就是你会锻炼出一种百折不挠的心态,写项目编译再怎么错，再怎么跑不起来，其实内心都是波澜不惊的，之前什么场面没有见过，这算什么啊，不就是 bug 嘛，之前 bug 多了去了。一般人见到那么多 bug 可能就不行了，但是打 ACM 打多了就会觉得无所谓，出 bug 很正常，没有 bug 我都不知道怎么写代码了。我觉得 ACM 对代码能力还有心态都是很有帮助的。

还有一个就是圈子，你进 ACM 这个圈子，不管你的水平怎么样，你都会认识很多这个圈子里的人，这个圈子里有很多特别优秀的人，很多国内计算机特别优秀的人，你会了解到他们是怎么对待这个比赛的，他们是怎么对待自己的人生的，他们是怎么一步步走过来的，我觉得这个是很有帮助的。在同一个比赛上你可以有机会和他们面对面地聊，了解他们是怎么想的。他们都很优秀，比如，清华的、上海交大的、去 MIT 读博士什么的，看到这些厉害的人，你就会想与他们靠齐，我觉得这对于当时才大一大二的我有很大的激励作用。也就是说，能进入这样一个圈子，可以激励你前进。

同时，这个圈子还能够给你提供很多帮助，比如像我之前说的，我获得 MSRA 的实习很大程度上是因为我那个 Menter 也是打这个比赛，也是这个圈子里的人。进了集训队，你就会认识很多集训队之前的学长、学姐，他们会很热情地帮助你，比如内推实习啊，给你提一些建议啊，告诉你该怎么做，等等，对我来说是特别有帮助的，所以我也会帮助集训队之后的学弟，这就是一个圈子的作用，特别有帮助。周围都是很优秀的人，就可以相互激励，相互促进。

……

李琮：对现役队员，我觉得享受这个比赛就行，不用太追求这个成绩，用功利的心态去面对这个比赛是不会有什么好成果的，只要不给自己留遗憾就行。对还没参加的同学，尤其是对于刚入学的同学，我觉得有能力最好让自己体验一下这个比赛，虽然这个比赛不是谁都能参加的，也有一些门槛，需要你投入时间，但如果你觉得这个比赛很有趣，就建议你去参加一下，大学期间，对软件、计算机专业的同学来说没有比 ACM 更有效地提升自己的手段了。打 ACM 对提升自己非常有效，但是还是很有风险的，也很容易让人崩溃。不过我这一级的很多人都会后悔当时没有参加这个比赛，因为这个比赛很有帮助。所以对于没有参加这个比赛的同学，如果很有能力，很有热情的话，最好去尝试一下，这个比赛还是很有帮助的。

……

李珑：与上海交大、清华相比，我们北航还缺什么？还是有一定差距的，记得之前我们连个机房都没有，用机房还要借，还要求人家不要把我们锁在里面，不要把我们的草稿纸扔掉。主要是学校的支持还不太够。

其实这几年我们在这方面已经很努力了，来争取学校的支持，慢慢变好了，我们这几届都在努力地把这件事变得更正式，努力取得更好的成绩，得到更多的支持。虽然现在还不那么好，但是已经比之前好太多了，之前学校都不知道 ACM 是什么，我们是第一次进 World Final 才变好的，学校才慢慢重视起来。

当然，我们队员的能力也没有那么强，毕竟他们把信息学最强的那部分人已经拉走了，所以我们的能力方面没他们强。另外，上海交大有一套完善的训练体系，一代一代传承下来，我们还在慢慢积累，他们比我们的起步早很多，我们这两年才刚刚起步，这个也是我们缺少的。

我们比之前进步了很多，我们正在慢慢地正规起来，比如暑期集训、选拔、流程、时间点、校赛、选队伍出去比赛、比赛安排（包括各种比赛的组织），等等。

其次，我们也在慢慢积累一些东西，比如说前任的模板、训练经验、比赛经验等都在慢慢变成熟。所以我们现在就是保持自己的好成绩，让学校能看到我们的出色，能为学校争光，希望能得到学校的重视，得到基金的支持，给个机房什么的。我们就要个机房能训练就行。当时，我们的后期训练就租用了社团的活动室，因为我是社长，所以我们就去了那里。

……

李珎：说到日常训练的技巧、经验，一般有几种形式，和队友模拟打一场比赛，或者是自己做单独的题。有的时候我会自己单挑一套题，因为我之前提到过，在真正比赛中我也会打前期的题，所以我自己单挑一套题可以锻炼我做前期题的能力，就是说，在没有队友帮助的条件下，我能不能cover住前期题。这是比较适合我的训练方式。

还有就是code forces，top coder，就是多刷比赛，我一般喜欢刷code forces，但是那个比赛有一点不好就是一般都在半夜，晚上1点开始3点结束，当时还在沙河，那边断电，1点开始黑灯瞎火的在那做题，全靠笔记本续航撑着，做完了笔记本电脑也快挂了我也快挂了。其实，想想还是挺不容易的，但是当时做的时候觉得挺有趣的。

我们队在比赛之前还会开一些专题，找一些同类型专题的套题，来巩固知识，比如当时王剑锋就会单独刷数据结构，梁明阳就会单独刷图论字符串。我们队会每人分一些知识点分别训练，因为每个人不可能cover住所有的知识算法，不可能什么都会，那就无敌了，所以我们只能每个人分一些专题，每个人学一部分，保证比赛的时候不会遇到有题的算法全队没有人会，后来我们确实在每个人的那个领域比较厉害。但是问题就是，一旦到队友的领域，自己就不会了，一旦我们三个人不在一块就会出问题了，在个人比赛的时候，遇到题发现，哇！这个是梁大大的题，但是梁大大不在，怎么办？我们的训练就是这样。

……

笔者1：大三的时候就去google找实习，感觉去google找实习也不是很容易的吧？

李珎：对。这是因为我大二的时候去MSRA实习了。这个MSRA实习是怎么来的呢，我第一年打ACM成绩还不错，我就写在简历上了，说我是队长，我得了这个这个奖，然后投了MSRA，而MSRA那边正好有一个我当时的Menter，他也是打这个比赛的，他当时是个金牌选手，看到我有这个经历他就打电话给我，说听说你会打这个比赛我们聊一聊，而他当时招一个人就是实习生，正好他就看到我投的简历，聊了聊，然后他就让我过去面试，给我出了道剧难的算法题，还好我做出来了，后来我就去实习了。所以我觉得我能获得第一个实习很大程度上是受益于 ACM 这个比赛，后面就有点像滚雪球，有了第一个就能拿到第二个，一点点往上。这些就是我现阶段状态以及如何发展到现阶段的故事。现在的很多东西其实都是从这个比赛开始的。

笔者 1：你大一的时候不是不会打代码吗，怎么直接选了这么难的 ACM 竞赛呢？

李珎：是这样的，大一一开始上了几次机，我什么都不会，而软件学院一些保送来的同学，就是以前打信息学竞赛的，他们一开始上机的时候就特别出色，因为那些题对他们来说都特别简单，我当时就被震慑到了，就觉得，"哇！这些人怎么这么强，太可怕了。"我就挺崩溃的，就觉得这样下去不行啊，要被虐四年，然后我就努力地去练习，我觉得做这个题很有趣，比如发现自己还是有点智力的，还能做出来，还可以。

有一个转折点是我那年参加了校赛，就是北航的 BCPC，校赛之后我一路摸爬滚打去请教各种人，然后进了决赛，决赛我发挥还可以，虽然当时也没做出来几道题吧，但大家都做不出来几道题，然后就拿了一个金奖，就是 first class 的那种，其实金奖有挺多人的，我还是金奖比较靠后的。那场比赛我发现，我比当时我觉得特别神的保送来的人名次要高，因此我觉得是不是我还有点天赋啊。

回去之后我听说要举行集训，就找了两个我知道的保送来的大腿，一个就是梁大大，还有一个是梁大大的舍友坐梁大大后面的，这两个当时在我眼里非常神的人，我祈求他们收留我，带我打打这个比赛，他们就收留了我，然后就这样去集训，开始参加这个比赛了。当时我参加这个比赛的目的第一个其实是玩，觉得这个很有趣。以前我是搞数学竞赛的，高中时候搞数学竞赛，可那时没搞太好，心里还挺气的，我就想参加这个比赛拿点成绩。还有一个比较功利的目的就是觉得这个比赛的奖项会比较有用，听之前的前辈们说这个东西特别牛，还有很多传说，谁去了 google，谁去了 facebook，怎样怎样了，觉得特别神，就想去试一试，所以就来参加这个比赛……现实中有没有一个人影响了你，怎样影响，这个有范围吗？

笔者 1：比如刚刚你说启发你参加 ACM 的那个比你厉害一点但是比赛打得没你好的那个人，应该也算吧。

李玠：我觉得那不是一个人，而是我们级的那一拨人，包括梁大大在内，我觉得其实都是。他们最开始感觉非常厉害，我就觉得有点想去跟上他们的脚步，这是他们对我的影响。还有一个影响比较大的我觉得就是董适。我们那年集训的时候他在集训队有点像是老大哥，当时他 10 级已经快毕业了，但他还在坚持。跟他聊的时候你会感觉到他对这个比赛真的是特别热爱，他把大学所有的时间全部扔进这个比赛里面了。脱开 ACM，他可能就是成绩不好，又挂科，跟老师、同学关系也不好，什么方面都不怎么行的一个人，但是最后他在这个比赛上打出了非常好的成绩，毕业的时候被微软西雅图那边签了，他成了北航的骄傲，在校长的毕业还是开学演讲里面，还连名带姓提到了他的事迹，给在座的所有人说了一遍，然后成了计算机学院橱窗里的人物，被计算机学院院长表彰，各种奖学金纷至沓来，瞬间就不一样了。

但是当时他还没获得那么多成绩，他其实只是一个对这个比赛特别热爱，特别投入，特别想出成绩的人，他在整个集训过程中的表现其实挺感染我们的，让我们觉得这个东西确实很好玩，并且在这里集训确实很快乐，又能学到很多东西。所以我觉得他对我影响还是挺大的。他经常跟我们说一些神奇的事件。有一次他用一个神奇的算法秒杀了面试官，面试官半天说不出话来。然后我们就去学习了那个算法。这都是真事儿。当你花了很多时间在这个上面时你确实就会比别人要厉害，这是可以理解的。

还有挺多人的，我就不展太开了。我对于这个比赛的热情最大的还是因为觉得它很有趣。尤其你到赛场上打的时候真的非常刺激，每过一个题你都会觉得非常非常爽。最敬佩的队友的优点，梁大大脑洞很大，智力非常高，他在我们队里一般负责特别难的题。在一场比赛中题目难度会有个排序，梁大大一般负责中等偏后的题，就相当于金牌题，就是说做了这个题就有金牌了，区分度在金牌卡的那个线之后的题。这种题我一般是想不出来的，只能甩锅给梁大大，而梁大大有时就能很神奇地想出来，我们也不知道他为什么就能想出来，有些问题要我来想可能不是非常清楚，而他就能把每条线都理得非常明确，虽然他写起来可能没有那么快，但他的脑力非常强，我其实经常很依赖他的这一点。

基于这点，我们队的分工有点像我来 cover 前期的一些题，因为我手速比较快，写题的正确率相对高一点，所以我来写前期的相对简单的一些题，梁大大和剑峰专门去攻后面的那些题，就是一开始我拿电脑来写，梁大大在那儿想，等他差不多想出来了，前期题我差不多也写完了，然后把舞台交给他。我最敬佩梁大大的就是他想题能力非常强。剑峰，他比较努力，他虽然跟我一样是大学之前没有写过代码的，第一年他和别人组队，成绩也不是很好，但是他没有放弃，他一直坚持努力地去练，经常参加一些比赛，经常给自己找题做，所以他会的东西也多，因为他练得多，只是他有时候会有些小失误，在战略上想的东西没想对，其实这些东西他会，只是不一定能想到最简单最正确的方法。但是剑峰很勤奋很努力，所以我觉得他现在也很出色，他的勤奋很值得敬佩。

自己和队友单挑是指怎样的情况？什么叫单挑？

笔者 1：就是和队友比赛。

李琰：哦，这样啊，要是单挑，我觉得他们肯定打不过我，因为队里分工是这样嘛，我负责大部分简单题，单挑的话在手速和正确率上，我觉得他们肯定没有我熟练。但是如果做难题就不一样了。这也是分工导致的。

哪次比赛留下了最深刻的印象——就说当时一只手摸到了金牌的那

场比赛吧。那场是我们状态最好的,是我们第二年打。那场之前我们在集训队里内部比赛只比昂神差,也差不到哪儿去。再之前有一场,是那一年的第二场区域赛,第一场区域赛我们没有参加,在网上打的同步赛。同步赛是全国无数多队参加的,我们曾很长时间都是榜的第一,因此我们当时就特别有信心,状态特别好,就希望在这场上拿一个金牌。确实那一场前期也非常顺,当然我们和昂神一起参加的那一场,昂神前期一路狂飙一直是第一名,我们就跟着昂神狂飙,差不多也在十名左右吧。前几题一直是我在那儿写,恰好中期有个关键题 cover 到了我特别熟悉的一个知识点,莫比乌斯反衍法,当然那题比较难了,我在纸上推了很久的公式,推推推,推完之后其实我心里不是特别有底,然后我就交了,之后瞬间居然返回了个 yes,当时我一下子就非常激动,就觉得这场应该问题不大了,因为过了那题之后我们大概是前十,而那时比赛已经过半了,后面我们只要稳扎稳打,基本上金牌就是囊中之物了……

4.2.6　梁明阳专访

笔者 1:首先介绍曾经自己的 ACM – ICPC 的队伍吧!

梁明阳:Damocles,成员包括:李珣、王剑锋和我。我就是普通队员啦。

笔者 1:那个全国邀请赛是什么比赛呢?

梁明阳:上半年的一次比赛吧,算是在区域赛之前先办一场,积累经验,防止现场崩掉,同时也是一次名额上的分配。

笔者 1:名额分配?

梁明阳:因为每一个赛区名额有限,名额分配蛮复杂的,邀请赛打得好,名额加一,网络赛打得好名额加一,进过 WF 名额加一,是有很多规则的,具体需要参考组委会公布的规则。

笔者 1:那你个人参加过什么算法竞赛呢?在上大学前你有算法竞赛基础吗?

梁明阳：个人的算法竞赛就没怎么参加过，高中的时候我是参加了 NOIP，然后保送到北航的。

笔者1：那就个人的 ACM 比赛经历而言，有没有哪场比赛给你留下了深刻的印象？有没有什么有趣的事情，可不可以分享一下？

梁明阳：每一次都挺深刻的。

笔者1：好的，之后可以去围观一下，那个人比赛经历就先问到这里吧。听说学长现在是集训队的教练，那么学长为什么选择继续当教练？

梁明阳：主要还是导师安排吧，因为宋老师是北航 ACM 教练啊。

笔者1：那教练的工作有什么？平时需要带领大家训练吗？

梁明阳：主要工作就是安排各种事儿，组织大家训练，制定制度，比如积分规则，选拔规则，出战名额安排，训练的出勤，找比赛，组织大家进行讲题讨论，等等。

笔者1：哦，这样啊，那学长当教练后对 ACM 的看法和当队员的时候有没有什么变化？

梁明阳：好像，没啥变化，囧，这个主要就是一门竞赛，又不是一个学科。搞 ACM 搞得好的，在 CS 领域里面一样能做好，反过来却不一定。所以，这还是编程竞赛，展现思维、编码和合作能力。

笔者1：感觉我身边很多大佬，在大二就已经在搞很多项目了，积累了很多经验，可是搞 ACM 的同学并没有那么多时间分心在项目上，学长认为，该如何权衡这两方面的收获呢？

梁明阳：本来就是这样，算法竞赛能证明一个人的实力，但并不能有工业上的产出。我觉得吧，学生如果想要走研究路线，多搞搞竞赛，多读读论文，是比做项目强很多的。项目经验以后总会有的。

……

笔者1：学长认为什么样的人适合选择走 ACM 这条路？

梁明阳：当然是喜欢的了。第一，认识到竞赛的好处并想要得到它；第二，积极努力；第三，深入思考，权衡利弊。

4.2.7　刘子渊专访

笔者 1：你的 ACM－ICPC 的队伍名字叫什么？有什么寓意？自己队伍在北航的定位？

刘子渊：TDL，体锻线（北航体能锻炼走廊）。本来是队伍里三个人的首字母缩写，又凑了 TD 线的巧。我加入之后也就没改了。大概北航一队？

笔者 1：自己在队伍里的定位是什么呢？这个定位主要负责的两个任务是什么？

刘子渊：最弱的菜鸡，负责读题以及有时候会出一些比较奇怪的题，像构造一类的。

……

笔者 1：什么样的信念来参加 ACM－ICPC 竞赛？

刘子渊：兴趣吧。初中开始就搞竞赛，也就这么半不拉拉的坚持下来了。做题会带来一种快乐，一种接受新知识的快乐，以及一种成就感。比如做了好半天的题终于过了的样子。

笔者 1：现在支持自己的信念比起来之前有增加吗？有没有意料之外的收获？

刘子渊：没有什么变化吧。就是参加 WF 之后见识了各种各样的强大的人，意识到了自己的弱小。开了眼界，进入了新一轮踌躇满志的状态。

……

笔者 1：对现役队员和还没参加的同学有什么想说的话？

刘子渊：对现役队员的话，大概只有平时抓紧训练不要学我吧。对没参加的同学，应该就是如果平时没什么事情，就来 ACM 吧。它会让各位的人生变得更加多彩一些。

205

第 5 章　权衡之间

了解这项比赛之后,你是否对这项比赛产生了浓厚的兴趣? 你是否也开始跃跃欲试,想要参加这项赛事呢? 你是否还有所顾虑,纠结着这个比赛是否适合自己参与? 接下来,我们将帮助你分析参与 ACM‐ICPC 应具备的能力,参与这项比赛能给你带来的东西和会让你失去的东西,当然其中还涉及了其他 ACM 选手对参与 ACM‐ICPC 的看法,大家可以根据自己的情况进行权衡,做出自己的选择。

5.1　辩论赛

5.1.1　辩,能力与热爱

ACM‐ICPC 是一项程序设计竞赛,大部分参赛者是计算机、软件工程专业的学生,也会有一些喜欢编程的其他专业的学生参与这项比赛。像数学竞赛、物理竞赛等一样,竞赛并不适合所有人参加,那么怎样的人适合参与 ACM‐ICPC 这项竞赛呢?

某大学的同学们对此展开了激烈的辩论,同学们分成两部分,分别支持不同的观点:

> A 组观点:学习能力超群的人适合参与 ACM‐ICPC。
>
> B 组观点:热爱比赛的人适合参与 ACM‐ICPC。

接下来是他们辩论的节选:

A 组:竞赛是参赛者能力的比拼,自然是能力至上。思维能力强,智

206

商高、知识充实的人自然是适合参与这种高能力竞赛的,如果能力一般,还是打好基础更为重要。虽然有人说"天赋不够努力凑",但是,想在ACM-ICPC取得好成绩,即使是有天赋的人也需要付出大量努力去学习、训练,而能力一般的人需要付出加倍的努力,何必自讨苦吃呢?

B组: "成功是靠1%的天才和99%的努力"这句话已经被说烂了,在此不加以赘述。所以说,成绩的获得并不全然依靠天赋,只要足够努力也是能取得好成绩的。而努力的过程需要内心的热爱支持,如果一个人不够热爱这个竞赛,当他面对枯燥、艰难的练习时,很难坚持下去;然而,如果一个人对这项竞赛足够热爱,再艰难的训练和学习,只要有这份热爱的支持,都能让人坚持下去,只要坚持下去,总是会收到成果的。

就有这样一位热爱 ACM 的学长深深地影响着我。在我们那届ACM 集训队中,他就像我们的老大哥一样,因为,他比我们都大,和他一样大的同学都因为快要毕业了,纷纷从 ACM 集训队退役了,但是,他依然坚持着 ACM。他就是董适。当时他 10 级已经快毕业了,但他仍在坚持。跟他聊的时候你会感觉到他对这个比赛真的是特别热爱,他把大学所有的时间全部扔进这个比赛里面了。脱离 ACM,他学习成绩不好,挂科,与老师、同学关系也不太好,是一个普通得不能再普通的人。但是,这样普通的他却在 ACM-ICPC 中取得了非常好的成绩,成为我们学校的骄傲,被院长表扬,成了橱窗展版上面的名人,得到了各种奖学金,毕业时,他被微软西雅图那边签了……因为 ACM 他不再普通。

他只是一个对这个比赛特别热爱,特别投入,特别想出成绩的人,他在整个集训过程中的表现其实挺感染我们的,让我们觉得这个东西确实很好玩,在这里集训也很快乐,还能学到很多东西。

这一切都来源于那份纯真的热爱。

A组: 那份热爱的确很感人。但是,长久以来,又有几个人能像他一样,抛弃一切投身 ACM 呢?你说的只是一个特例罢了。一份热爱没有足够的能力去支撑,就会显得虚无缥缈。就算有足够的热爱,如果能力不足也无法进步,更不用说取得成绩了。

历届 ACM 集训队有很多人,然而真正坚持下来的、真正能杀出重围的又有几人呢?无法坚持集训,受不了强大压力的大有人在,我们不能以偏概全。考虑到大多数人的情况,还是应该认清,竞赛竞赛,这毕竟是一项竞技,比拼的是能力。我不想否认热爱的可贵,但是,对于竞赛空有热爱是行不通的。

······

双方各执己见,都有自己的道理。经过总结我们发现,想要在 ACM - ICPC 中拿到好成绩需要选手有足够的能力,比如:分析能力、数学能力、代码能力等,同时,也需要选手足够努力,想要坚持"枯燥"的学习和训练,内心的热爱能够激励选手坚持下去。

所以我们推荐,如果你真的热爱这个比赛,比赛结果可能对你没那么重要,那么你还在等什么,快快找到志同道合的小伙伴,一起参赛吧! 如果你能力足够,但是不够热爱这项竞赛,那么你就需要好好考虑是否要参加比赛了,毕竟坚持是一个非常考验人的过程。

5.1.2 辩,利弊

接下来讨论的部分想必很多人都比较感兴趣,那就是——ACM - ICPC 是否值得参加? 说的直白一点,就是,我参加这项比赛能给我带来什么"好处"呢? 这个问题困扰着许多对 IT 感兴趣的大学生。这天,A 大的学生们就这个话题展开了激烈的辩论。他们的辩论题目是:

> 正方:参与 ACM - ICPC 对自己的未来利大于弊
> 反方:参与 ACM - ICPC 对自己的未来弊大于利

接下来是他们辩论的节选:

1. 辩论片段一

正方:首先,打 ACM 能够帮助选手提升学习能力,打下坚实的算法

基础,日积月累的练习能够大大提升自己的代码能力。众所周知,ACM－
ICPC 涉及的算法十分广泛,打比赛的过程中选手能接触到非常多的算
法。想要在 ACM－ICPC 中取得好成绩,就需要选手掌握足够多的算法,
这也督促选手们学习更多的算法。另一方面,日积月累的练习也能锻炼
自己的代码能力,使得自己的编程速度、准确度、Debug 速度等都得到提
升。解决很多问题之后,也能提升选手的分析和逻辑推理能力。可见,
ACM－ICPC 对自身能力的各个方面都有很大的帮助。所以说,参与
ACM－ICPC 对自己的未来利大于弊。

　　反方:可是你忽略了一个非常重要的问题,未来他们中的大部分人会
进入公司工作,而走进公司接触到的是切实的项目,做项目更多的是需要
实际操作的能力,并不会涉及很多高难度算法知识。并不是说未来工作
中算法就完全无用,只是 ACM－ICPC 中涉及的算法难度过高,在实际工
作中并不实用。有时间研究那么多艰涩的算法,还不如多做做项目,提升
自己的实际的代码能力和项目经验。在本科做项目能学到很多课堂上学
不到的能力,比如自己搭建服务器、做各种网站、学习使用爬虫爬取数据
等。这些切实的编程经验,对未来工作更加有益,让你先人一步,然而把
时间耗费在 ACM－ICPC 上,就很少有时间来搞这个了。所以说,参与
ACM－ICPC 对自己的未来弊大于利。

　　正方:如果只是看这些实际的应用能力,那么目光就太短浅了。打
ACM 的过程能锻炼人的逻辑思维和分析问题的能力,让人养成在实际
工作中寻找最优解决方法的思考方式。另一方面,打 ACM 锻炼了人的
自学能力。有了强大的自学能力,学习新事物并不是一件难事,因此,就
算是以前没有接触过的工作,也能很快上手。ACM－ICPC 给人的提升
是个人本质能力的提升,而不单单是经验、知识层面的提升。那些欠缺的
做项目的经验,是日后可以获得的,大学时不用太心急。努力提升人的硬
实力才是最明智的,所以说打 ACM 对未来大有裨益啊!

大学生的实习做项目经验与实际工作中还是有很大差距的，并不能一概论之。另外，为什么要急于做项目积累这些实际经验呢？现在的经验并不完全等于未来所说的工作经验，对找工作帮助不大，而且，这些经验在未来工作中有很多机会可以慢慢积累。对于学生来说，更重要的是提升自己的学术水平，多做做研究、多读读论文、搞搞竞赛，这些都比做项目有用的多。

……

2. 辩论片段二

正方：打 ACM 不仅能提升个人能力，还能提升自己的视野。在打 ACM 的过程中，你会遇到许许多多特别有能力的人。和那些优秀的人一起参与比赛，就会有机会与他们交流，有机会去了解他们的思想、对待比赛的态度以及经验，更深接触之后，还能了解他们的人生经历并得到相应的收获。能与这些优秀的人接触，学到的不仅仅是有关比赛的经验，更多的是能够学到他们如何对待、如何安排自己的人生，而这些人生经验能给人很大启发，让人受惠终生。所有的这些，如果不接触 ACM 是很难获得的。

反方：不打 ACM 虽然不能接触到那些大神，但是我可以接触到很多其他的良师益友。在出去实习、做项目的过程中，也能接触到很多厉害的人，在与他们交流学习的过程中，同样能学到很多东西。脱离学校和课堂的乌托邦①，真正走到社会中才能收获到的经验，是打 ACM 的人很难获得的。

……

3. 辩论片段三

正方：打 ACM 在找工作投简历、面试过程中也会有帮助。由于

_____

① 乌托邦：理想中的，十分美好的环境。

ACM - ICPC 在业内十分有名气,被众人认可。因此在 ACM - ICPC 中得奖,某种程度上是一种能力的象征,会为你的简历加分,让你的简历从众多的简历中脱颖而出。我在找工作面试的时候曾遇到一个同样打 ACM - ICPC 的 BOSS,我们在面试的时候很聊得来,面试十分愉快。可见,打 ACM 在找工作上也能起到很大的作用呢。

反方:我在实际的面试中并没有感受到打 ACM 的便利。在工作面试中如果面试者知道你打过 ACM,会出现两种情况:其一,面试官知道你打过 ACM,就觉得没必要考算法题,这样,你优秀的算法能力就无从展示;其二,面试官知道你打过 ACM,就觉得一般的算法题肯定难不住你,就会提高面试难度。话说回来,面试并不是算法考试,算法题是否做出来对最终结果的影响不大。所以从各种意义上说,打过 ACM 对面试的帮助都不是很大。

正方:就算在实际的面试中帮助不大,但是对找工作的笔试还是有很大帮助的。当下,IT 企业筛选人才的一大手段就是线上笔试。笔试就是考查与 ACM - ICPC 比赛题目类似的算法题目,如果打过 ACM,那些笔试题简直就是小菜一碟,根本不需要担心。而且不仅仅是找工作,考计算机软件类的研究生,在笔试过后,都会安排机试,而机试的题目都与 ICPC 的题目大同小异,对于已经接触过 ACM 的人来说,这些小小的机试都可以轻松通过。功利一点讲,在 ACM - ICPC 中获奖还会为保研加分,各个学校对于加分都有不同的加分政策。

反方:说到保研加分,在 ICPC 中获奖确实能获得加分。但是,想要在 ACM - ICPC 中得奖需要付出大量的时间和精力学习、练习,这就会和学业冲突。获奖固然能加分,但是不要忘了,学习成绩才是保研最最关注的一项。耗费太多的时间和精力在 ICPC 上,却耽误了自己的课程学习,成绩下滑,最后就算有获奖加分,也不能弥补学习上的缺失,岂不得不偿失?

……

4. 辩论片段四

正方：难道打 ACM 不是为了旅游？到各个地方参与比赛，可以去到许多不同城市、不同高校，这就是一个体验当地文化、学校氛围的大好机会。哈哈哈，和好基友们一起去遥远的城市参加比赛，也是人生不可多得的美好经历呢！

反方：（满脸黑线，竟无言以对……）

……

5. 总　结

这场辩论的大概情况就是这样的，总结一下他们的观点，如表 5‐1 所列。

表 5‐1　正方反方观点对比

正　方	反　方
打 ACM 能帮助选手获得坚实的算法基础，同时日积月累能提升自己的代码能力、逻辑思维能力、分析问题处理问题能力等硬实力	打 ACM 会耗费大量时间，没有时间去搞各种各样的实际项目，从而丧失很多项目经验和实际工作能力
在 ACM‐ICPC 中获奖能充实自己的简历，展现自己优秀的一面，让自己的简历更有竞争力，为自己将来找工作面试等打下基础	在 ACM‐ICPC 中获奖只能充实简历，而在真正的工作面试中帮助不大
对于想要保研的同学，ACM‐ICPC 能够为自己的保研加分。另外，对于考计算机、软件方向的研究生，笔试过后都有机试（包括找工作），机试的题目和 ACM‐ICPC 的题型相似，打过 ACM 的同学不用担心	保研和考研的前提是学习成绩过硬，上面提到过，打 ACM 会耗费大量时间，很大程度上影响自己的课程学习。在 ICPC 上再优秀，学习成绩搞不好，对于考研和保研这一出路也是毫无帮助的
在打 ACM 的过程中，能遇到许许多多优秀的人，与那些优秀的人接触，能开阔自己的视野，能向他们学到很多学习以至于生活上面的经验，受益匪浅	不搞 ACM 能有时间去接触社会，去搞项目，去公司、实验室实习，也能接触到很多优秀的人，能有更多的合作机会，在这一过程中积累很多工作经验，也同样受益匪浅

5.2 岔路口

5.2.1 主人公

根据之前的辩论,我们了解到选择打 ACM-ICPC 确实会有很多好处,同时也要付出很多东西、丢失很多东西。所以,到底该如何权衡,还是很难做出决定。接下来,我们将以不同的身份、不同的角度来看待这个问题,希望你能从中找到自己的答案。

在阅读下面的话之前,请先冷静下来,思考一下,你想要什么样的未来,你想要做什么,你想成为什么样的人。在确定自己的目标之后,就可以根据下面的分类选择适合自己的建议了,当然每个人都是独一无二的,下面的建议还请选择性参考。

1. 学院派

如果你是一个热爱学术的人,在将来想要沉心静气研究科学,那么 ACM-ICPC 可能对你的帮助不大。ACM-ICPC 所涉及的知识更多是已有算法、数学等,如果你想要在学术方向多有建树,这些是远远不够的。在本科时,打好专业基础、广泛了解专业相关知识与学科前沿知识可能会更加有帮助。多读读论文,提前去实验室实习,接触更多新事物,与更多志同道合的人一起做研究、发 paper 可能会更有帮助。

2. 保研、考研党

对于想要保研的同学来说,首先要保证自己的成绩过硬,在此基础上,选择 ACM-ICPC,如果获奖,它可以帮助你赢得加分、认可等,可谓是锦上添花。但是这一切依然建立在自身成绩过硬的条件下,毕竟想要保研,学习成绩是第一关。

对于考研党来说,ACM-ICPC 极其耗费时间并不推荐。如果选择计算机、软件方向的研究生，复试时可能会有机试，机试的题型与 ACM - ICPC 类似，参与过 ACM 会很容易，但是由于题目难度小于 ACM - ICPC 题目，所以可以用其他方式提升自己。

3. 出国党

对于出国党来说，重要的是外语成绩、GPA、实习经历、实践经历等，打 ACM - ICPC 同样可以为这些锦上添花。在保证 GPA 等方面的条件下，搞 ACM 是很好的；如果其他方面还没有弄明白搞清楚，那么还是不要参与 ACM - ICPC 了。

4. 实习党

对于实习党来说，参与 ACM - ICPC 可能不会给你带来项目经历等直接的收益，但是打 ACM 能够锻炼人的思维、逻辑，帮助人提升代码能力，这些能力的提升在未来的实习、工作中会发挥长期作用。另一方面，在 Google 的影响下，现在许多 IT 企业都选择考面试者算法，打过 ACM 对这些也有一定的帮助。当然，打 ACM 也会使自己的本科时期的项目经历减少，会非常缺少项目经验，因此，在工作最开始需要学习的东西太多了，会使得工作非常辛苦。而这些，就需要你自己去选择了。

5. 竞赛爱好者

如果你是一个热爱竞赛的人，那么 ACM - ICPC 是一个值得你去拼搏的好的竞赛。首先，这个竞赛挑战性强。迄今为止，还从未有人能在 ACM - ICPC World Final 中通过全部的题目，可见这个比赛的难度之大。对于热爱竞赛、热爱挑战的你，这个比赛是非常适合你的。同时，在这里你还能遇到许多与你志同道合的人，可以和队友一起拼搏，在比赛中还可以与各大高校的志同道合的人一起交流，岂不美哉。

5.2.2 Q & A

看了之前的分析介绍，可能大家还会有一些疑问，接下来，我们会就其中一些可能存在的问题进行解答。

Q：之前的介绍很多都提到，打 ACM－ICPC 需要学习算法，这个比赛的全称是国际大学生程序设计竞赛，为什么不叫算法竞赛呢？

A：ACM－ICPC 不仅仅包含算法，其中的题目还有一些脑筋急转弯、数学题或者模拟题等，算法不是 ACM－ICPC 的全部，但是学好算法却是想要打好 ACM 的必由之路。

Q：如果我既喜欢 ACM－ICPC，又不想让自己的学业受到影响，我该如何平衡呢？

A：一个人的时间和精力是有限的，想要平衡好多件事不容易，当然对于大神级人物请忽略这些话（笑）。首先这件事要看个人的目标。如果想要在 ACM－ICPC 上取得极好的成绩，那么需要在上面投入大量的精力，那么学习成绩势必会受到很大的影响；如果你并没有那么大的目标，抱着重在参与的心态，想要做到与学业平衡还是很容易的。

在日常的学习中注意学习效率，充分利用课堂的时间学习知识。在课后，专注搞 ACM，做训练、刷题补题。在考期，可以在 ACM 中投入少一点，专注准备考试。当然，这些只是一些建议，还需要结合自身的能力、环境进行考量与平衡。

Q：在 ACM－ICPC 上获奖代表怎样的水平？获奖需要付出多少努力？

A：用考试来打比方的话，在 ACM－ICPC 区域赛中获得银牌、铜牌，就像在学校期末考试拿到八九十分的样子，就说明只要认真学习、努力训练，在 ACM－ICPC 区域赛中获奖并不是一件非常困难的事情。但是想要在区域赛中获得金牌、甚至进 World Final 并获奖就好像在考试中得到接近 100 分的成绩。

如图 5－1 所示，我们能够看到，成绩越高想要提升相同的分数需要付出的努力就越多。在 ACM－ICPC 中获奖也是这样的，想要在 ACM－ICPC 区域赛中获得银牌、铜牌需要一定的努力；如果更进一步，想要在

ACM - ICPC 区域赛中获得金奖甚至打进 World Final，在 World Final 中获得奖牌，是十分困难的，需要投入非常非常多的努力。

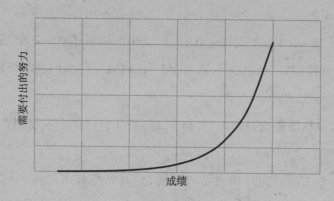

图 5 - 1　成绩与需要付出努力的关系图

近年来，我国大学生的编程水平越来越强，在 ACM - ICPC 的世界舞台上也逐渐能占到一席之地。但是，每年参与 ACM - ICPC World Final 的 100 多支队伍中，中国队伍只有十几支，而真正能拿到名次的少之又少，可见竞争是非常激烈的。

5.2.3　向左走，向右走

通过之前的分析，相信大家对这个比赛的意义以及参与这项比赛的利弊都有了一定的了解。可能有些人会觉得好笑，介绍了半天 ACM - ICPC，到最后得出结论，ACM - ICPC 其实并不像外人所描述的那样，能获得很多很诱人的好处，实在是不推荐参与。

这实在是太好笑了。

但是，这些全部都是事实。

ACM - ICPC 固然能给参与者带来很多好处，但是在得到好处之前大量的付出也是不可避免的。不管你是想要保研，还是实习面试，ACM - ICPC 固然能给你带来便利，但是，它并不是唯一的选项，因为不论走哪条路都存在更加容易的走法，实在没必要选择走 ACM 这条路。因此，如果用功利之心来看待这场比赛,ACM‑ICPC 并不是最佳的选择。

走 ACM‑ICPC 这条路难,坚持下来更难。而真正坚持下来的人大概内心都是热爱它的吧!享受比赛那种紧张激烈的氛围;享受训练过程中一遍又一遍 WA 终于 AC 的那种快感;享受学完厚厚一本算法书的成就感;享受与队友一起组队训练、比赛、讨论的情谊;享受与大神接触交流豁然开朗的感觉;享受自己一次次成长、一次次提升的满足感⋯⋯是的,如果只是把 ACM‑ICPC 当作一种工具、一种提升的跳板,那么它可能并不是最好的选择,因为你还能有很多其他的选择,比 ACM‑ICPC 更加轻松,却又能达到同样的目的。

而事实上,参赛者在比赛中倾注的那种纯粹的热爱才是参与 ACM‑ICPC 这段经历中最迷人的地方吧。话又说回来,一个人空有一腔热爱并无意义。如果你热爱 ACM‑ICPC,就请付出和你的热爱等同的努力和坚持。

参考文献

[1] 秋叶拓哉. 挑战程序设计竞赛[M]. 北京：人民邮电出版社，2013.

[2] Cormen Thomas H，Leiserson Charles E，Rivest Ronald L，等. 算法导论[M]. 3 版. 殷建平，徐云，等译. 北京：机械工业出版社，2012.

[3] 刘汝佳. 算法竞赛入门经典[M]. 北京：清华大学出版社，2014.

[4] 俞勇. 携手上海交通大学 ACM 班十年风雨路[M]. 上海：上海交通大学出版社，2012.

后记——彩蛋

征战 12 年

在这里想介绍一下北航 ACM 集训队(集训队图片如图 1~5 所示)。

北航自 2005 年正式参加 ACM 竞赛,截至 2017 年,共计:

- 4 次进入全球总决赛,全球排名为第 27/29/23/70 位。
- 16 枚亚洲区域赛金牌。
- 45 枚亚洲区域赛银牌。
- 43 枚亚洲区域赛铜牌。

图 1　2016 ACM 国际大学生程序设计竞赛亚洲区域赛(青岛站)

图 2　2016 ACM 国际大学生程序设计竞赛亚洲区域赛(大连站)

图 3　2016 ACM 国际大学生程序设计竞赛 CHINA－FINAL

图 4　聚餐合影

图 5　集训队合影

看我们集训队也有妹子！！（表情如图 6 所示）

真的吗？

图 6　表　情